地球永續漫畫 001

漫畫圖解──
地球環境與SDGs 1

如何打造永續社會？

マンガでわかる！地球環境とSDGs 第1巻
持続可能な社会ってなに？

晨星出版

前言

地球上出現了各式各樣的問題。這樣持續下去，恐怕在不久的將來，你我以及眾多的生物將會無法生存。

本書將帶領大家思考各種環境問題發生的原因及影響。

Cynet Photo

Rich Carey / Shutterstock.com

長時間無法分解的塑膠垃圾流進海洋，可能會危害生物們的性命。

liloon / Shutterstock.com

我們生產了很多糧食，但是也有很多因為吃不完而遭到丟棄的食物。

有大量的垃圾被丟棄。處理它們也必須耗費能源。

MOHAMED ABDULRAHEEM / Shutterstock.com

工廠或是發電廠等燃燒煤炭或是石油等，會造成地球暖化以及空氣汙染。

為了解決環境問題，必須打造出一個能夠永續發展的社會。增加使用自然能源發電也是因應對策之一。

©PIXTA

第 1 冊 如何打造永續社會？

永續社會與 SDGs

主要和以下目標有關。

6 淨水與衛生
7 可負擔的潔淨能源
12 責任消費與生產
13 氣候行動
14 保護海洋的豐富資源
15 保護陸地的富饒資源

目次

第1冊

如何打造永續社會？

主要和以下目標有關聯。

永續社會與SDGs

本套書籍皆採以下方式製作，以期降低對環境的負荷。

❶使用 PUR 膠裝訂成冊

PUR 熱熔膠是一種適用於紙張回收的黏著劑，不僅可以用來製作經久耐用的書籍，回收時又可與紙張完全分離。

❷使用植物性油墨

植物油墨水是以大豆油、亞麻仁油及椰子油等植物油代替石油的印刷油墨，可以減少揮發性有機化合物產生。

❸使用製程對環境友善的紙張

向從事環保事業活動的製造商採購紙張。

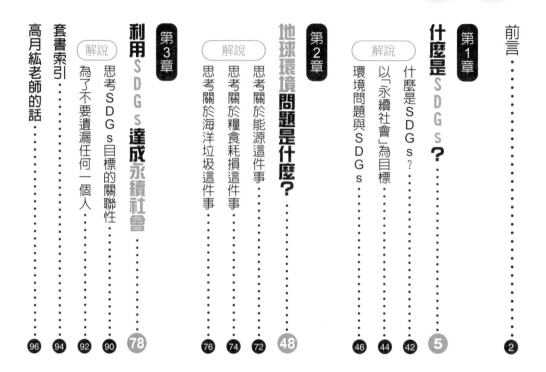

第1章 什麼是SDGs？

202X年7月中旬 東京──
你們知道嗎？聽說今天最高溫度竟然有37度！
你們不覺得異常嗎!?
西野莎拉 小學6年級
難怪這麼熱啊～。
西野晴美 莎拉的媽媽
想必今晚也是一個「熱帶之夜」吧！
西野大地 莎拉的爸爸

嗄～
這間房間也很熱呢！
拿
溫度設定是28度啊！
28°C
冷房
暖房
自動
停止
稍微調降一點好了……。
盯……
使用空調時，也可以搭配電風扇喔！
咕嚕咕嚕
好的好的。
咚
按
呼呼～
變涼快了呢！

晴美對於環境的事情還真囉嗦呢！
關掉空調、完全不用電更好……。但是，在這麼熱的天氣裡，實在很難做到呢！
大口吞嚥
似乎是因為地球暖化的關係呢！
我吃飽了。
哎呀，不吃了嗎？妳還有剩喔！
從學校走回家，實在是熱到我沒食慾。
呼～
ECONEKO

妳還好嗎？別中暑了才好。
就這樣吧！
微笑
匡噹
好了，我該去寫作業了。
幾天後　莎拉的學校教室──
6年3班
南田老師
升上6年級後，我們已經學到很多關於SDGs的事情，
特別是地球暖化的議題吧！

下學期我們將會更深入地學習SDGs，
希望大家可以先調查、思考一下，我們能夠做些什麼事情。
是的
大家還記得我們上學期學過什麼嗎？
嗯……
好的
地球再繼續這樣熱下去就糟糕了！
的確是呢！
SDGs
匡噹
岸本同學，你說說看？
叫我嗎？
大

以前學校根本沒有開空調，
但是，最近不開空調就熱到受不了的日子變多了呢！
呱呱！
我已經無法想像沒有空調的時代了啊——！
哈哈哈哈
那其他人呢……
西野同學，妳覺得呢？
嗯？

想到什麼都可以，試著說說看吧！
好的。
匡噹
我曾經聽過北極的冰層融化，害北極熊沒有家的新聞，
讓我覺得動物們很可憐。
的確！地球暖化不僅和人類有關，也會影響到動物呢！
噹噹噹
SDGs

好，那我們今天的課就上到這裡。
對了。還有一件事情也與SDGs有關係。
要參加這一次「*外來種因應對策活動」的人，請多注意一下喔！
莎拉的好友 中川美智
揮揮
幾天後的星期六——
哇啦哇啦
請勿在本池塘隨意流放藍鰓太陽魚、密西西比紅耳龜等外來種。
OX市公所
咻咻咻咻
池塘的水少了很多呢！
是啊～

*外來種：外來的生物。隨著人類活動，而從其他地區被攜至非原始棲息地的生物。

感謝大家在這麼炎熱的天氣，願意參加本市的外來種驅除活動。
今天的活動
就是要驅除棲息在這個池塘內的外來種。
我們市府工作人員，會把池塘裡的藍鰓太陽魚等物種，
撈到這個水桶裡。
再請各位用接力的方式，將那些物種放入水槽內。
好的！

因為天氣炎熱，請各位確實補充水分。
好的！
啪吵
啪吵
啪吵
啪吵
好的。
來吧！

呼～～
捉到好多隻呢！
啪唦
咕嚕咕嚕
對啊！似乎全國都有這樣的問題呢！
不過，我們不是應該要好好保護自然與生物嗎？
明明都是生物，為什麼就一定要驅逐那些外來種呢？
因為外來種會改變原有的生態系，所以不能讓牠們留下來吧！
什麼是生態系呢？
我也不是很清楚耶，總之就是不能夠留下牠們。
嗯……………？

當天晚上──
咦~
呼呼~
莎拉，今天的活動怎麼樣啊？
嗯，有很多外來種喔！
那附近的池塘還有河川好像很多呢！
好像是喔！市政府的人也這麼說。
好像也有很多浣熊之類的生物。
沒錯！之前我還有看到
牠們穿越馬路呢！
浣熊
那些可愛的浣熊也是外來種嗎？

是呀！因為是日本原本沒有的物種。
可能是有些人將牠們拿來當寵物養，結果又把牠們放生。
這些人真是沒有責任感呢！
因為人類的私慾被帶離原本的環境，卻又被惡意對待，真是可憐……。
我也這麼覺得！
……。
大口
吞嚥…
對了！
莎拉之前說過有在學校學過SDGs吧！
嗯。
我們6年級生會在綜合學習時間學習SDGs。

爸爸接下來也要學習SDGs喔！
咦？為什麼呢？
其實是因為啊……
大地公司──
西野先生，現在方便聊一下嗎？
可以啊，什麼事情呢？
你知道SDGs嗎？
啊，是聽過這名詞……
應該是為了永續，而必須做些什麼吧！
嗯，看起來沒問題呢！
咦？所以SDGs怎麼了嗎？

我們公司成立了一個因應SDGs的專案團隊……
那件事情我知道，各單位都要派一些人去參加吧！
沒錯。雖然我們單位之前都沒人參加，
但這次有增加了一些員額，所以希望你可以參加。
那麼，我要做什麼呢？
真傷腦筋啊……。
嘎嘰
從社會層面來看，SDGs的重要性越來越高，所以希望你務必參加看看。
這，這樣啊！但是我幾乎沒有相關背景知識耶……。

對西野先生來說應該會是非常不錯的經驗喔！
啊……。
SDGs會議當天——
群馬工廠 廢棄物 淨零排放 202X年報告書
群馬工廠針對*淨零排放提出了廢棄物淨零排放的模擬報告書。
是的。我認為他們做得非常好。
回收達成率也很穩定呢！
但是，我個人對於*Thermal Recycling，也就是熱回收的部分還有些疑問，
我認為更重要的是打從一開始就不應該產生廢棄物。
Thermal Recycling？

＊淨零排放（zero emission）：不會排放出對環境有害廢棄物（垃圾）的一種架構。

＊Thermal Recycling：意即熱回收。不只是燃燒垃圾，還要回收燃燒時所產生的熱，並且再利用。

西野先生，你認為這個數值怎麼樣呢？
嗯，那個……我覺得……
廢棄物淨零排放是我們一直以來想要努力達到的目標喔！
啊，是，是這樣沒錯。
這件事情還有透過公司內部報告書公告給大家知道。
針對這件事情，西野先生本身有什麼想法呢？
想，想法嗎……
慌慌張張
不好意思，我不夠用功……。
盯～～
微笑

哈哈哈。開個玩笑啦！
嗯？
呆滯
沒有參加過這個專案團隊的員工，
基本上都會是你這種反應。
如果沒有和自己直接相關，往往就會覺得那是別人的事。
不，不好意思。
沒關係，接下來好好學習就好啦！
是呀！這並不是單憑一間企業就能夠解決的問題啊……。
但是，我們也沒有太多時間了……。
嗯嗯
……。
呼

……事情就是這樣。
而且，最近很難得地開始看書了呢！
什麼「很難得」……哪有啊？
哈哈哈！
最近經常聽到SDGs這個詞，所以想說應該要好好了解一下，
然後，發現自己有很大的誤解耶。
我可能也是。
莎拉在學校不是也有學嗎？
是有學沒錯……。但還是有些不懂的地方跟疑問……。
自己思考、發現問題是很重要的事喔！

晴美之前好像就有仔細研究過SDGs呢！
剛成為自由作家時，我就曾經採訪過環境相關議題，然後寫成報導……
所以，差不多這10年左右的時間都有接觸。
哇！那妳已經是資深老師了！
難怪會一直提到環境相關的事情。
先別叫我老師啦。越認識SDGs，我越是深深覺得
那些內容的深度根本是全球層級，我還有一大堆不懂的事物。
SDGs就是指環境問題嗎？
雖然這兩者間有很深的關係，但不僅是如此喔！
SDGs的目標還必須解決環境問題以外的其他問題呢！
沒錯。
非常正確。

喂，不要把我當笨蛋啊！
別擺出一副知道答案是理所當然的臉。
我又沒有那樣……。
媽媽，請妳告訴我關於SDGs以及環境問題的事情。
OK，明天星期天，我們一起來開個學習會吧！
贊成！
隔天──
呼～
那麼，我們開始吧！
麻煩老師了。
唉唷，被喊老師還真不好意思。
有任何問題，隨時發問喔！
好的！

今天的題目就是「SDGs和環境問題」。
我先來說明「SDGs是什麼?」
喔!直接破題。
不就是要這樣嗎?
不好意思。
哈哈哈
啪
SDGs = Sustainable Development Goals
SDGs就是永續發展目標。
?
用白話一點來說,就是「可以持續的發展目標」。
可以持續的
發展目標……
沒錯,對莎拉來說可能稍微有點難理解。
「可以持續」就是指「可以永遠一直下去」的意思。

這個背後隱藏的問題是「這樣下去我們人類會變得無法在地球上生存」，
SDGs＝
Sustainable
（可以持續的）
Development Goals
（發展）
（目標）
也就是說「我們無法繼續用現在的方式生活」。
咦？
那我們會怎樣呢？
現在地球不只遇到了環境問題，還有很多其他的問題，
所以很擔心如果一直這樣下去，最終我們將會滅亡。
啪
地球所面臨的各種問題
地球暖化
貧窮
戰爭　不平等
水資源問題
海洋汙染
垃圾問題
大氣汙染
各種資源問題
哇
有好多問題喔！
還不只這些呢！

SDGs的目標就是為了要去解決這麼多的問題。於是，聯合國在2015年做了這項決定。然後……
啪
沙漠化
喪失生物多樣性
飢餓
無法接受教育
能源問題
人口爆炸

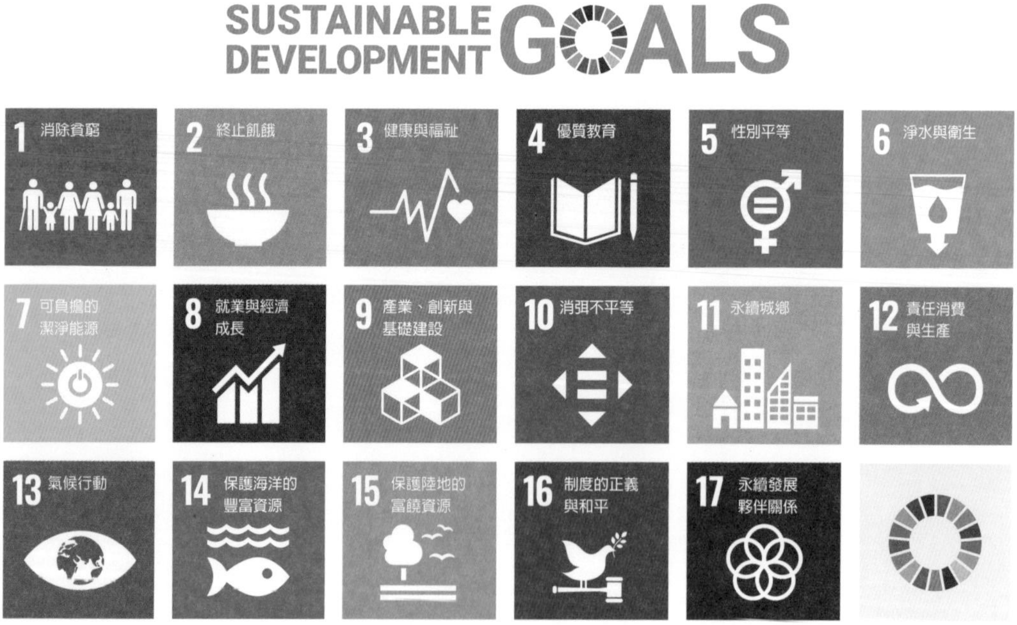
SUSTAINABLE DEVELOPMENT GOALS
1 消除貧窮
2 終止飢餓
3 健康與福祉
4 優質教育
5 性別平等
6 淨水與衛生
7 可負擔的潔淨能源
8 就業與經濟成長
9 產業、創新與基礎建設
10 消弭不平等
11 永續城鄉
12 責任消費與生產
13 氣候行動
14 保護海洋的豐富資源
15 保護陸地的富饒資源
16 制度的正義與和平
17 永續發展夥伴關係

SDGs就有了17個目標。
SUSTAINABLE DEVELOPMENT GOALS
我們在學校有稍微學到一點，但是大部分都只是帶過而已，沒有辦法真正理解呢！
比方說，1是「消除貧窮」、2是「終止飢餓」。
還有透過一些小圖示，讓人更容易理解。
感覺上都是很重要的問題，
但是，卻又覺得好像是有點遙遠的問題呢！
啪
夥伴關係
經濟
社會
環境
這17個目標可以分成地球環境、社會、經濟等三大問題，它們彼此之間都有關聯性。
環境是所有目標的基礎。

SDGs當中有4個目標是為了解決地球環境問題。
夥伴關係
經濟
社會
環境
6是「淨水與衛生」……
6 淨水與衛生
13是「氣候行動」……
13 氣候行動
14是「保護海洋的豐富資源」……
14 保護海洋的豐富資源
15是「保護陸地的富饒資源」……
15 保護陸地的富饒資源

我們所生活的地球環境如果遭到破壞，社會與經濟也無法屹立不搖。
所以，環境問題才會被擺在這張圖的最下方，作為基礎。
是最根本的問題啊……。
寫 寫
不過，這17個目標並不是分散的，彼此之間可是有關連性的呢！
什麼意思呢？
比方說，地球氣候變遷會影響到農作物的栽種，是不是就會與飢餓和貧窮有關呢？
有許多人因為貧窮而無法接受教育，或是無法取得乾淨的水源。

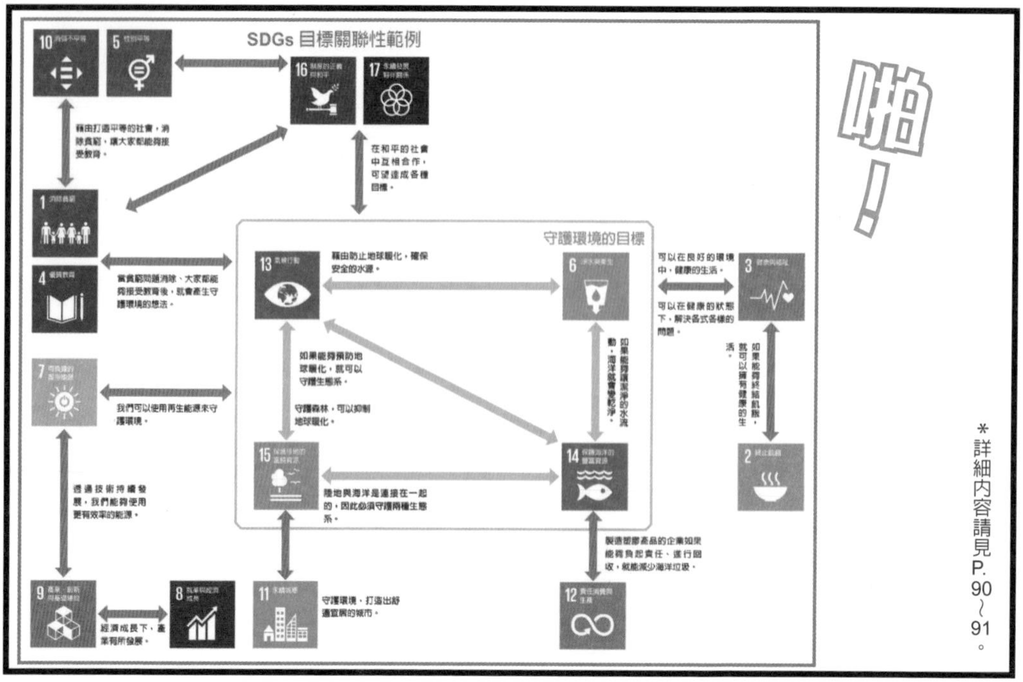
SDGs 目標關聯性範例
藉由打造平等的社會，消除貧窮，讓大家都能夠接受教育。
在和平的社會中互相合作，可望達成各種目標。
守護環境的目標
當貧窮問題消除、大家都能夠接受教育後，就會產生守護環境的想法。
藉由防止地球暖化，確保安全的水源。
可以在良好的環境中，健康的生活。
可以在健康的狀態下，解決各式各樣的問題。
如果能夠預防地球暖化，就可以守護生態系。
守護森林，可以抑制地球暖化。
如果能夠讓潔淨的水流動，海洋就會變乾淨。
如果能夠終結飢餓，就可以擁有健康的生活。
我們可以使用再生能源來守護環境。
透過技術持續發展，我們能夠使用更有效率的能源。
陸地與海洋是連接在一起的，因此必須守護兩種生態系。
製造塑膠產品的企業如果能夠負起責任、進行回收，就能減少海洋垃圾。
經濟成長下，產業有所發展。
守護環境、打造出舒適宜居的城市。
啪！
*詳細內容請見P.90～91。

因此，我們不能夠針對那17個目標一一去思考，而是必須用「整個地球」去思考。
原來是這樣呀！

還有一件很重要的事情喔！
什麼事情呢？

那就是「不遺漏地球上的任何一個人」。
大家要一起達成目標的意思嗎？
沒錯。莎拉或許會覺得每天可以吃飯、上學、洗澡是理所當然的事情，
但是，地球上還有很多人並沒有辦法在這些事情上得到滿足。
也有很多像是緬甸、阿富汗、敘利亞等紛爭不斷的地區。
是啊！
所以，目標是希望生活在地球上的任何一個人都不再擔心飢餓或貧窮，可以健康地生活、接受教育、不會受到差別待遇。

這些都是希望可以在2030年前解決的目標喔！
只剩不到10年耶……。
但是，我覺得SDGs是很棒的目標！
握拳
是嗎？妳懂了嗎？
回到剛剛的環境問題，我還想知道得更具體一點……。雖然我已經知道一些關於地球暖化的事情……。
……

與其在此簡單說明會有哪些問題產生，不如我們用自己的肉眼去看看，也就是「實際去體驗」更重要呢！
用自己的肉眼去看？
之前妳不是去參加過外來種驅除活動，還覺得學到很多東西嗎？那些應該也是要自己親自去體驗才能夠了解的吧！
對耶！
既然都放暑假了，要不要一起去海邊看看呢？
好是好啦……。
有些東西我希望妳可以用自己的眼睛好好觀察喔！
嗯……
下個星期六——
沙
哇啦哇啦
咕嚕咕嚕
大口吞嚥
沙
沙

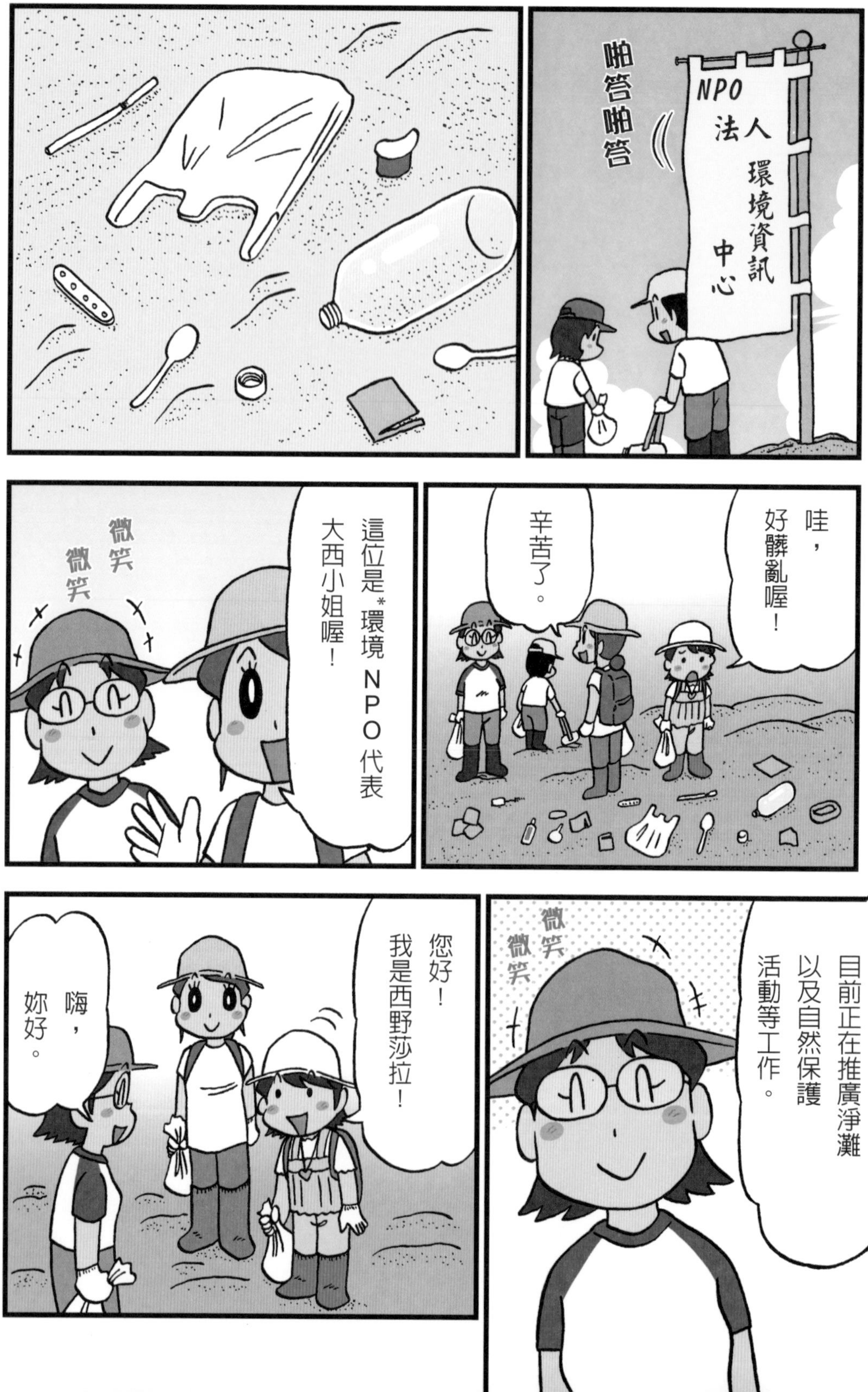
啪答啪答
NPO 法人 環境資訊中心
哇，好髒亂喔！
辛苦了。
這位是*環境NPO代表大西小姐喔！
微笑微笑
目前正在推廣淨灘以及自然保護活動等工作。
微笑微笑
您好！我是西野莎拉！
嗨，妳好。

*環境NPO：從事環境相關活動的NPO（不追求利益的民間團體）。

莎拉，妳看。
放眼望去就可以看到很多垃圾了，但是還有一些更小的垃圾呢！
妳知道這個是什麼嗎？
捏
不是石頭耶。難道也是垃圾嗎？
沒錯，這是塑膠垃圾喔！
是塑膠嗎？好小喔！

尺寸在5㎜以下的塑膠垃圾，稱作「塑膠微粒或是微塑料（Microplastic）」。
這會造成很大的問題喔！
大垃圾可以撿得起來，這麼小的反而很難處理呢！
沒錯，而且塑膠本身還帶有棘手的問題。
是怎樣的問題呢？
木材、紙張比較容易在短時間內分解、回歸土壤。
但是，塑膠卻是一種長時間無法分解的東西。
那會怎樣呢？

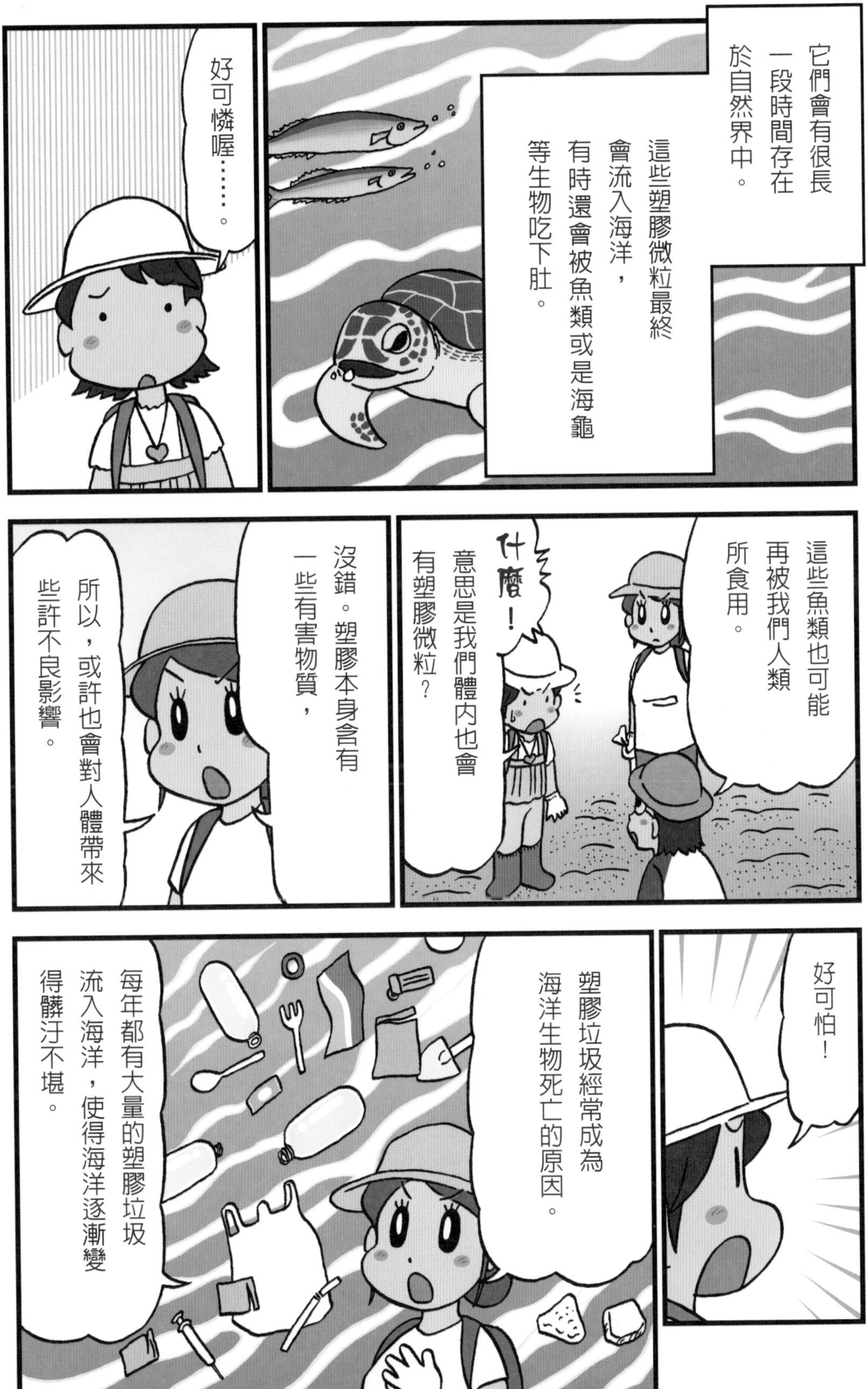
它們會有很長一段時間存在於自然界中。
這些塑膠微粒最終會流入海洋，有時還會被魚類或是海龜等生物吃下肚。
好可憐喔……。
這些魚類也可能再被我們人類所食用。
什麼！
意思是我們體內也會有塑膠微粒？
沒錯。塑膠本身含有一些有害物質，
所以，或許也會對人體帶來些許不良影響。
好可怕！
塑膠垃圾經常成為海洋生物死亡的原因。
每年都有大量的塑膠垃圾流入海洋，使得海洋逐漸變得髒汙不堪。

那該怎麼辦才好呢？
莎拉，妳覺得呢？
如果我們停止使用塑膠的話……
塑膠有很多便利的優點，所以很多東西都會使用塑膠喔！
現在坊間雖然也有很多脫塑運動，但是要我們現在就立刻完全不使用塑膠，實在是很困難呢！
大家都不要亂丟塑膠就好了……。
沒錯。就是要去思考如何在不影響環境的狀態下，使用這些方便的東西。
這樣一來就能夠連結「永續發展」目標。

12 責任消費與生產
從SDGs的角度來看，就是第12項的「責任消費與生產」。
是SDGs的目標之一啊……。
嗯—
啊！
沙沙
發現了愛心形狀的塑膠！
噹噹
把它帶回去作紀念吧！

接續第48頁

什麼是SDGs？

現在地球上有各式各樣的問題待解。SDGs的出現，即是以解決這些問題為目標。

2030年前要達成的目標

我們有各式各樣的問題要面對，像是地球暖化等環境問題；貧窮、無法接受教育等社會問題；提升產業、促進經濟成長等經濟問題。

2015年聯合國決議SDGs就是要以解決這些問題為目標。並且要在2030年前達成。主要目標有17項，具體細項目標則有169個。

3 健康與福祉

確保健康及促進各年齡層的福祉。

6 淨水與衛生

確保所有人都能享有水和衛生及其永續管理。

9 產業、創新與基礎建設

建立具有韌性的基礎建設，促進包容且永續的工業，並加速創新。

12 責任消費與生產

確保永續的消費與生產模式。

15 保護陸地的富饒資源

保護、維護及促進領地生態系統的永續使用，永續的管理森林，對抗沙漠化，終止及逆轉土地劣化，並遏止生物多樣性的喪失。

SDGs可說是全人類的目標呢！

摘自《翻轉世界：2030年永續發展議程（Transforming our world: the 2030 Agenda for Sustainable Development）》

SDGs 的 17 項目標

1 消除貧窮

消除各地一切形式的貧窮。

2 終止飢餓

終結飢餓，達成糧食安全，改善營養及促進永續農業。

4 優質教育

確保有教無類、公平以及高品質的教育，並提倡終身學習。

5 性別平等

實現性別平等，並賦予婦女權力。

7 可負擔的潔淨能源

確保所有的人都可取得負擔的起、可靠的、永續的，以及現代的能源。

8 就業與經濟成長

促進包容且永續的經濟成長，讓每個人都有一份好工作。

10 消弭不平等

減少國內及國家間不平等。

11 永續城鄉

促使城市與人類居住具包容、安全、韌性及永續性。

13 氣候行動

完備減緩調適行動，以因應氣候變遷及其影響。

14 保護海洋的豐富資源

保育及永續利用海洋與海洋資源，以確保永續發展。

16 制度的正義與和平

促進和平且包容的社會，以落實永續發展；提供司法管道給所有人；在所有階層建立有效的、負責的且包容的制度。

17 永續發展夥伴關係

建立多元夥伴關係，協力促進永續願景。

以「永續社會」為目標

SDGs的目標是「永續社會」。那是一種怎樣的社會呢？

發出哀號的地球

自從人類出現在地球上，長久以來都是從大自然中獲取食物、住處和衣服等，我們還會使用風和水等自然能源。

然而，從18世紀左右開始，人類開始大量消耗煤炭、石油等能源，並且開發和使用塑膠、合成纖維等新興材料，結果對地球環境造成各種影響。

煤炭和石油等資源是有限的。塑膠分解需要很長的時間，一旦這些垃圾進入海洋，就會對生物造成影響。人類的種種行為讓地球發出了哀號。

會對地球造成負擔的社會

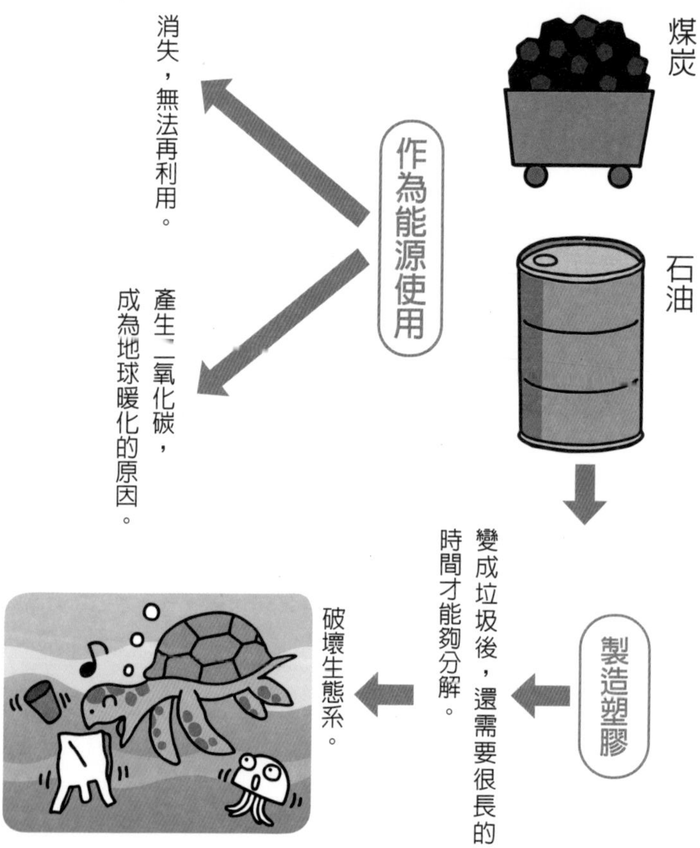
煤炭
石油
作為能源使用
消失，無法再利用。
產生二氧化碳，成為地球暖化的原因。
製造塑膠
變成垃圾後，還需要很長的時間才能夠分解。
破壞生態系。

透過「永續社會」拯救地球

利用大量的資源進行生產活動，可以讓我們的生活變得更加便利與豐富。然而，另一方面由於大自然遭到破壞，又會影響到人類與其他生物的生活。

如果持續像現在這樣消耗資源，恐怕在不久的將來，我們與其他生物將會因為地球無法居住而滅絕。

為了解決這些問題，必須建構一個能夠讓資源重覆再利用的架構，打造出可以反覆利用自然資源產生再生能源的社會。

而且，並不是那種要大家忍耐、減少使用能源、放棄經濟成長的社會。我們必須要在經濟持續富庶成長下，解決環境與社會問題。

這樣的社會稱作「永續社會」、「sustainable society」。SDGs即是達成「永續社會」必須努力的目標。

「永續」就是「可以持續」的意思。

可以永續的社會

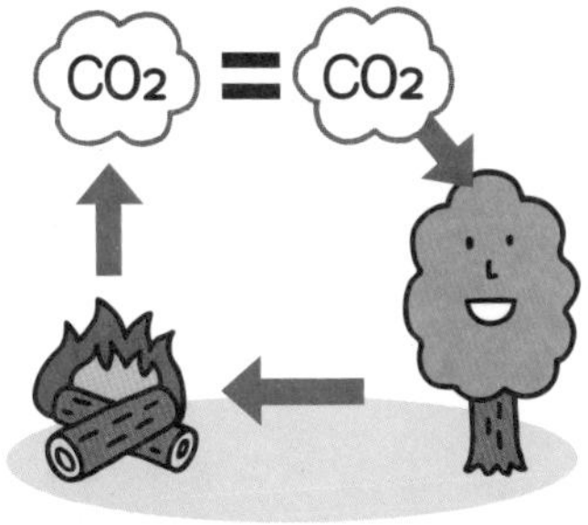
CO2
=
CO2

即使燃燒木頭、產生二氧化碳，二氧化碳也會被樹木所吸收，並不會增加大氣中的二氧化碳。

雖然砍伐樹木，但是如果有計畫植樹造林，就會持續有木頭可以使用。

再生能源可以反覆使用自然資源，而且不會對環境產生不良物質。

太陽光

風力

地熱

生質物

波浪能

SDGs

Sustainable （永續）
Development （發展）
Goals （目標）

環境問題與SDGs

達到永續社會的17項SDGs永續發展目標中，有幾項目標是要維持良好的環境。

守護環境的目標

SDGs的17個目標中，與環境問題最為相關的是「6淨水與衛生」、「14保護海洋的豐富資源」、「13氣候行動」、「15保護陸地的富饒資源」等4項。

如果無法維持良好的環境，不論是人類或是任何生物都會難以生存下去。欲解決社會問題、建立經濟發展的基礎在於環境問題。因此，我們的目標是要解決環境問題，打造出一個讓人類與生物們都能夠舒適生活的地球。

打造良好環境是最基本的呢！

6
淨水與衛生

目標是要讓每個人都能夠使用到安全且乾淨的水資源。此外，守護、恢復河川、湖泊、溼地等與水相關的生態系也包含在目標之中。

蘊藏豐富水源的溼地是生物的寶庫。 ©PIXTA

13
氣候行動

目標是要抑制二氧化碳排放、阻止地球暖化。如果地球持續暖化下去，將會對生態系造成很大的影響。

因為氣候變遷，有些生物無法生存下去。 ©PIXTA

14 保護海洋的豐富資源

大量塑膠垃圾流入海洋。此外，養分過剩也是造成紅潮現象的原因。此項目標是要抑制這些影響，維持海洋生物的豐富性。

©PIXTA

當生活汙水等流入海洋、養分增加，就會造成浮游藻類大量增生而引發紅潮現象。紅潮現象會導致許多魚類死亡。

Roman Mikhailiuk / Shutterstock.com

流入海洋的大量垃圾。一年大約會產生800萬噸的海洋垃圾。

15 保護陸地的富饒資源

許多居住在地球的生物正面臨著滅絕危機。主要原因是人類的開發與濫捕。SDGs的目標是要守護陸地生物，打造出讓各種生物都能夠生存的環境。

©PIXTA

生物的多樣性也能夠為人類帶來許多好處。

第2章 地球環境問題是什麼？

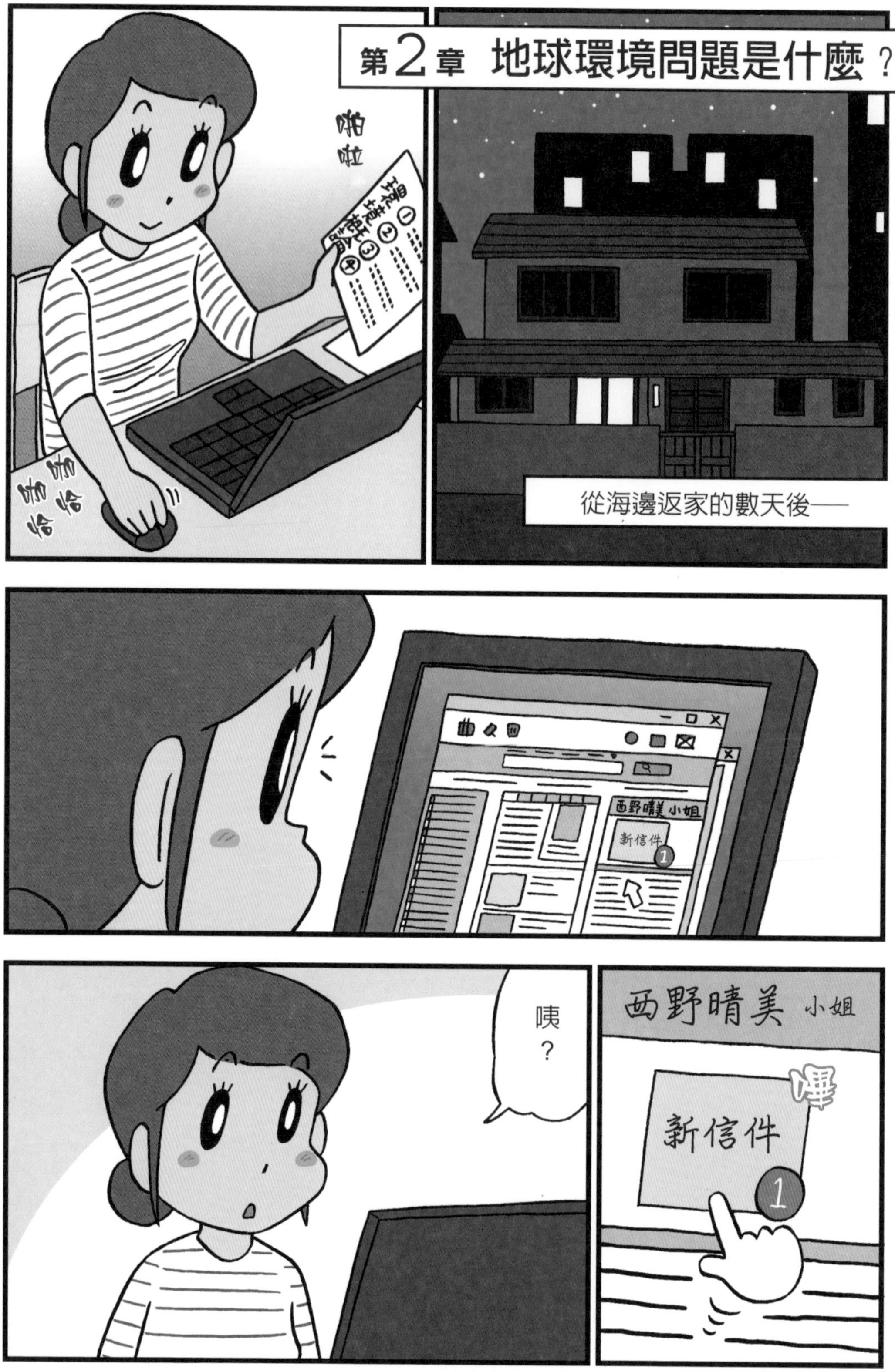
啪啦
咔恰 咔恰
從海邊返家的數天後——
西野晴美小姐
新信件
1
咦？
西野晴美 小姐
嗶
新信件
1

莎拉的房間
環境問題
啪啦
環境問題
叩叩
請進！
喀恰……
那個，有一件有趣的事情，妳想不想聽？
咦？什麼？什麼事情？

我正在寫專門給兒童看的環境問題報導……
嗯。
所以，會去訪問一些專家老師。
是喔！
而且啊！根據出版社的說法是想要推出一本從未來必須承擔這個世界的兒童角度出發、彙整兒童觀點的書。
所以，希望也有小孩可以一起前往採訪呢。
……妳的意思是……
意思是希望莎拉也可以一起去喔！
哇！

那麼，我就可以直接和專家們詢問環境問題囉！？
沒錯。我們預計會和四位老師見面喔！
四位啊……
我真的可以嗎……？
只要和平常一樣，把妳的疑問說出來就好囉！
莎拉一定沒問題的！
那我就試試看吧！
微笑

幾天後——
氣象○○研究所
首先是第一位老師……。
緊張不安
喀恰
久等了。

百忙之中打擾您，真不好意思。
您，您好。
喔！是小學生記者呀！請手下留情喔！
山本老師，今天來是想要請教您關於地球暖化的事情。
好的。只要是我知道的，我都會儘量回答。
那麼，就切入正題吧……

……這樣說來，
地球暖化是因為
人類的活動吧！
也不得不
這麼承認呢！
雖然有些人認為其中還有地球
本身自然環境變化的關係，
但是近年來地球急遽暖
化，我認為就無法用這
個理由來解釋了。
如果持續暖化下去，
會怎麼樣呢？
會大量發生劇烈
豪雨、強烈颱風，
極地或是喜馬拉雅等
冰山融化等
因而對人類或是其他生物
造成很大的影響，
我們就無法再過著
原本的生活。

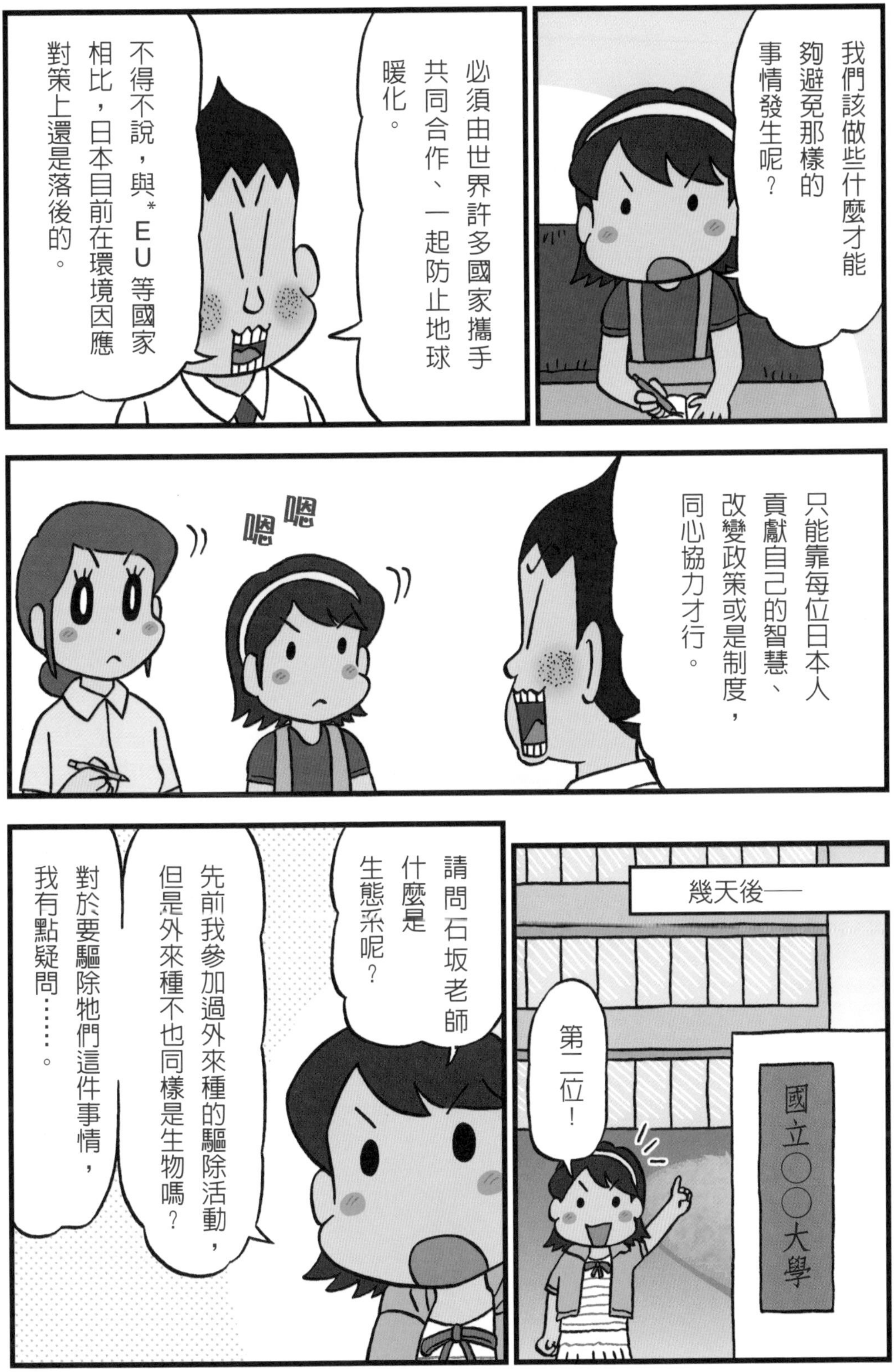
我們該做些什麼才能夠避免那樣的事情發生呢？
必須由世界許多國家攜手共同合作、一起防止地球暖化。
不得不說，與＊EU等國家相比，日本目前在環境因應對策上還是落後的。
只能靠每位日本人貢獻自己的智慧、改變政策或是制度，同心協力才行。
嗯
嗯
幾天後——
國立〇〇大學
第一位！
請問石坂老師什麼是生態系呢？
先前我參加過外來種的驅除活動，但是外來種不也同樣是生物嗎？
對於要驅除牠們這件事情，我有點疑問……。

＊EU：歐盟。以歐洲各國為中心的政治經濟聯盟。

每個地區都有每個地區獨特的生物鏈結。
一旦有外來種入侵，就會切斷原有獨特的生物鏈結。
雖然與外來種為敵也會讓我感到很心痛……。
的確是呢！
嗯嗯
生物與其他生物之間是藉由「吃與被吃」的鏈結關係生活著的。
這些生物們與牠們所生存的自然環境統稱為「生態系」。
原來是這個意思呀！

生物多樣性為什麼重要呢？
我對這個詞彙本身也不太熟悉……。
莎拉妳自己覺得呢？
平常有什麼感受嗎？
說實話，我身邊並沒有看到什麼生物呀！
或許只是妳看不到而已喔！
咦？
城市中有各式各樣的生物存在著，
我們身邊不是有池塘、河川、森林等地方嗎？
有，有的。
仔細觀察各個地方，我想妳就會發現其實有許多生物存在呢！

記得我小時候，獨角仙棲息的雜木林就在我家附近呢！
是呀！現在的確不太容易看到青鱂魚、赤蛙、紅蜻蜓、獨角仙那些以前理所當然存在的生物。
我完全沒看過青鱂魚或是赤蛙耶！
就像我們剛剛所講的，自然界所有的生物都是由「吃與被吃」的關係鏈結著的。
如果其中一種生物消失，也會對其他生物產生影響。
還有，我們人類之所以可以從生態系取得食物、資源、醫藥品等。
都是受惠於生物多樣性。
越光米
我都不知道這些事情。
寫
寫

據說，地球上每年約有4萬種生物急速滅絕中。
生物多樣性之所以會喪失，都是因為人類的關係。
一年4萬種!?
石坂老師，我們該做些什麼才能夠維持生物多樣性呢？
我們應該好好運用人類的智慧，找出一條能夠與生物們共存的方法才行。

我認為解決的祕訣藏在日本人從很久以前就與自然共生、
「里地里山・里海」的觀念裡。
所謂里地里山・里海是指人類積極與自然連結，
稻作
香菇栽種
海苔養殖
牡蠣養殖
製鹽
在受惠於大自然、獲取稻米與海產品時，不要破壞自然環境，打造出一個彼此共榮的狀態。
里地里山・里海嗎……？我都沒聽過。
我會再去深入了解一下。

又過了幾天——
第三位！
這次我們會在家中用遠距視訊的方式，訪問對能源問題非常了解的川崎老師。
——因為使用了石油、煤炭等化石燃料製造出的能源，就無法防止地球暖化。
而且，在不久的將來，這些資源將會消失殆盡。
所謂再生能源是指太陽光、風力等存在於大自然中，可以反覆使用的能源。
那麼，我們使用再生能源不就好了嗎？
妳很懂呢！

為了實現永續社會，擴大使用再生能源是很重要的喔！
的確是呢！
不過現階段，再生能源還無法完全提供我們所需要的能源。
技術上還很困難。
沒錯。
許多國家都在努力提升再生能源的比例……
該怎麼做才好呢？

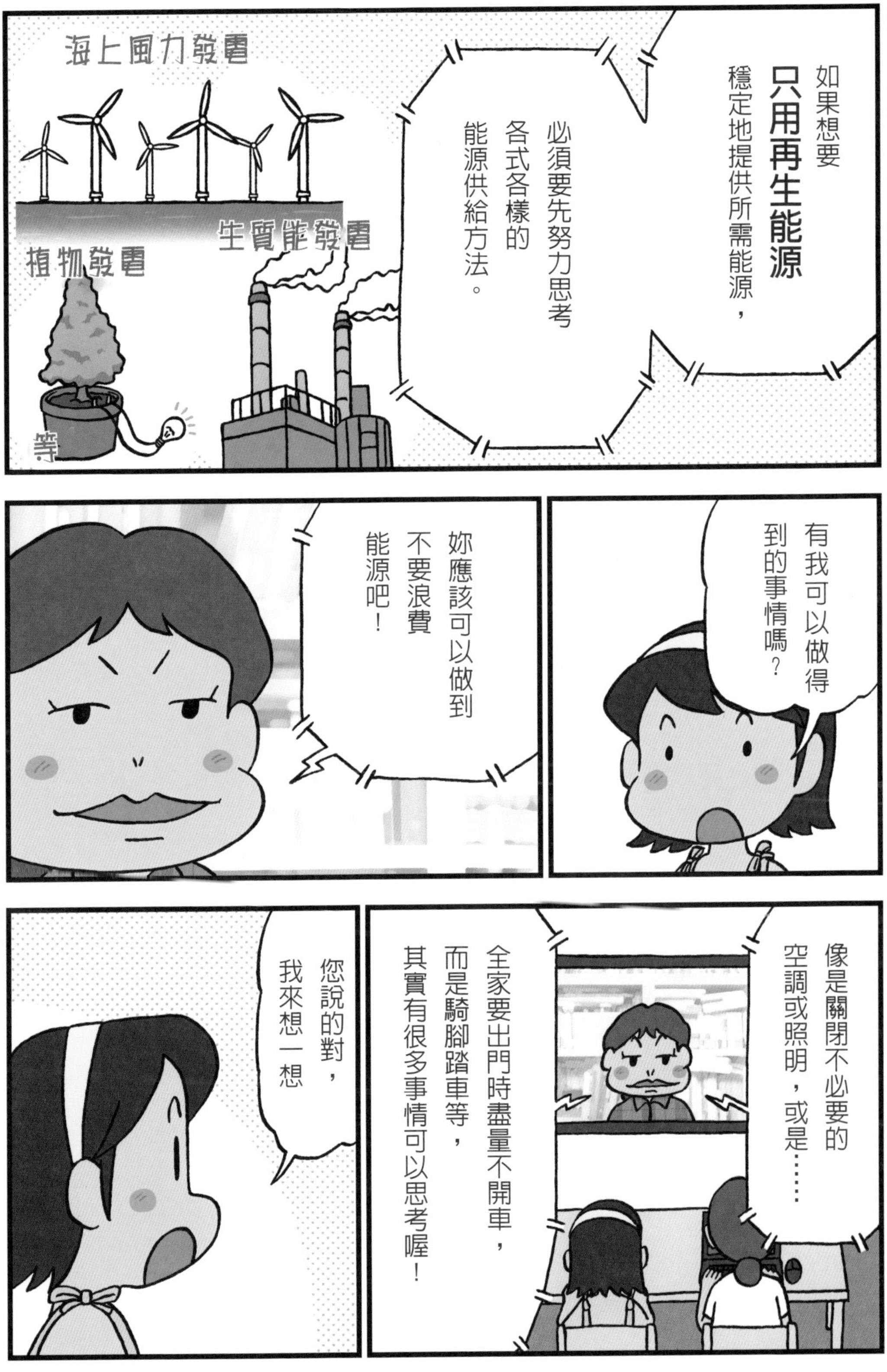
如果想要只用再生能源穩定地提供所需能源，
必須要先努力思考各式各樣的能源供給方法。
海上風力發電
生質能發電
植物發電
等
有我可以做得到的事情嗎？
妳應該可以做到不要浪費能源吧！
像是關閉不必要的空調或照明，或是……
全家要出門時盡量不開車，而是騎腳踏車等，其實有很多事情可以思考喔！
您說的對，我來想一想

又過了幾天後——
○○大學廢棄物工學科
最後，第四位！
岩泉老師，最近我們到海邊都會看到非常多的塑膠垃圾掉落在海邊耶！
我還找到了這種愛心形的塑膠片。
哈哈哈。但是，「掉落」這個講法是正確的嗎？
應該是「被丟棄」吧！
垃圾並不會自己掉落在那裡。
而是有人把它們丟棄，所以才會出現在那裡的。
您說的對！

一直以來我們都知道塑膠垃圾是個麻煩的傢伙。
但是，人類為了便利性與經濟性，別說是減少了，塑膠垃圾只會不斷地增加。
什麼是經濟性呢？
比方說，製造吸管這件事情。可以用玻璃製作，也可以用塑膠製作，哪一種比較便宜呢？
用塑膠製作的應該比較便宜吧！
玻璃還要擔心破裂問題……。
就是這樣。我們通常會以方便且便宜為優先考量，
但是卻沒有在意那些會對環境產生多大的影響。

不論是製造商品的企業，還是消費商品的我們
都沒有去在意呢！
現在流入海洋的塑膠垃圾量
據說高達1億5000萬噸。
而且，那些變得細小的塑膠微粒垃圾最終可能還會回到我們人體內。
我覺得好可怕！
還有一個與垃圾問題相關的事情。
現在，糧食耗損也是一個很大的問題。
是指明明還可以吃的食品卻被丟棄的意思吧！
沒錯。很多食物會因為各種理由而被丟棄。
像是超過保存期限等……
另一方面，卻還有很多人苦於飢餓……。

在先進國家特別容易出現這個問題呢！
我也會在家吃飯或是在學校吃桶餐時剩下一些食物。
我父母那一代經歷過戰爭。
對於那些經歷過糧食短缺時代的人們，就連掉一粒米都會說「太浪費了」，所以根本不可能會丟棄食物。
但是，現在卻……
總覺得經常看到一些對於丟棄食物毫無感覺的人。

我不禁認為現在出現的種種環境問題其實是
對於人類拚命利用地球資源的一種報復。
像是一種來自地球的警告。
那個警告到頭來或許真的會讓人類走到終點。
我們長大時，地球會變成什麼樣子呢？
可以確認的是應該無法維持現在這個樣子。
不過，我不認為我們人類會愚蠢到那種地步。
我相信既然是人類造成的，那麼人類就可以解決。
我也相信。
嗯嗯

當天晚餐──
啊！
匡噹
沒開空調呢？
今天有午後雷陣雨，氣溫下降了，
打開窗戶，就會有涼爽的風吹進來，所以就沒有開空調了。
好舒服啊！這感覺……非常棒呢！
哇！吃好飽。
媽媽，這個我明天早上再吃，先放冰箱喔！
夾

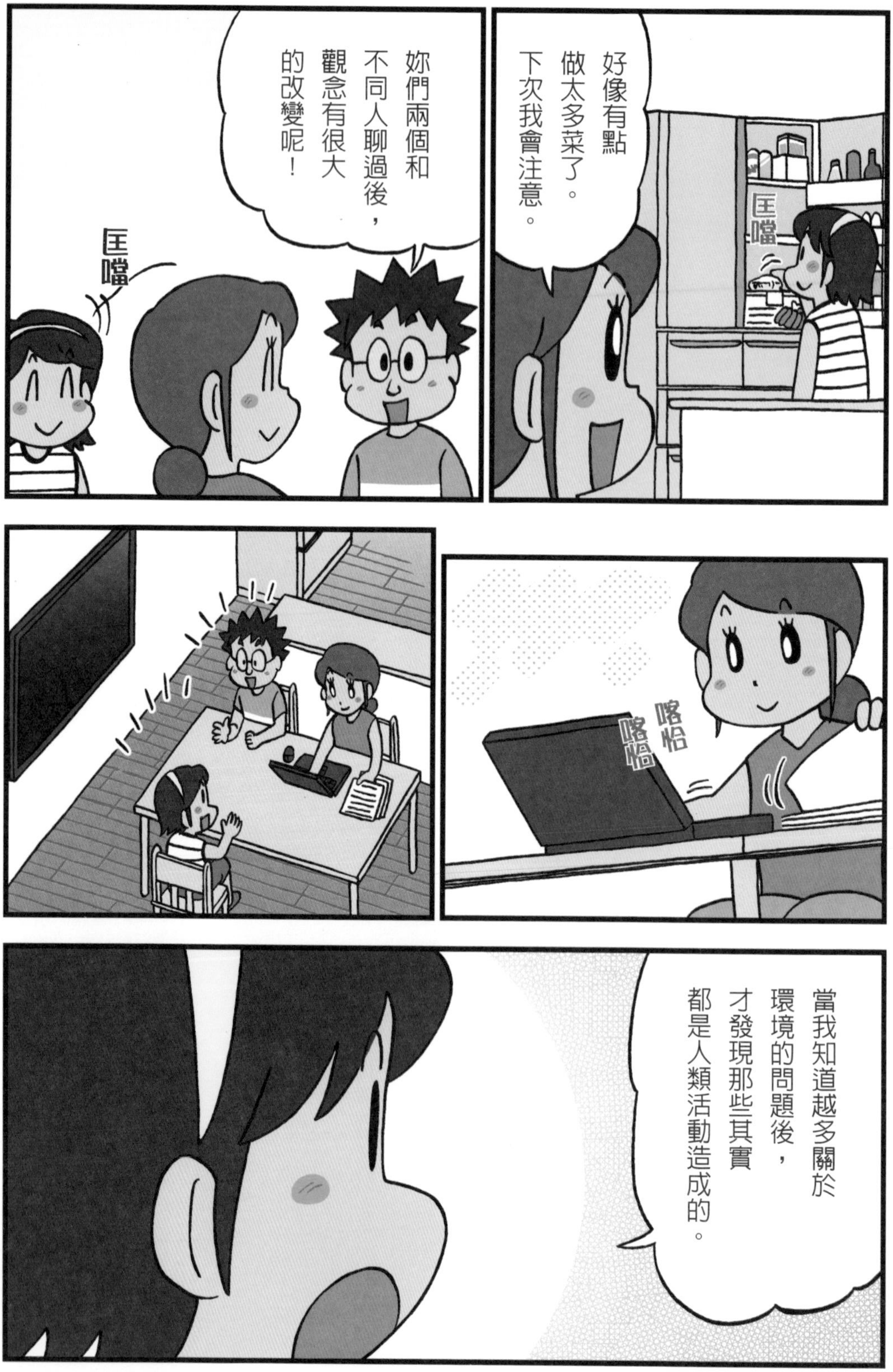
好像有點做太多菜了。下次我會注意。
匡噹
妳們兩個和不同人聊過後，觀念有很大的改變呢！
匡噹
喀恰
喀恰
當我知道越多關於環境的問題後，才發現那些其實都是人類活動造成的。

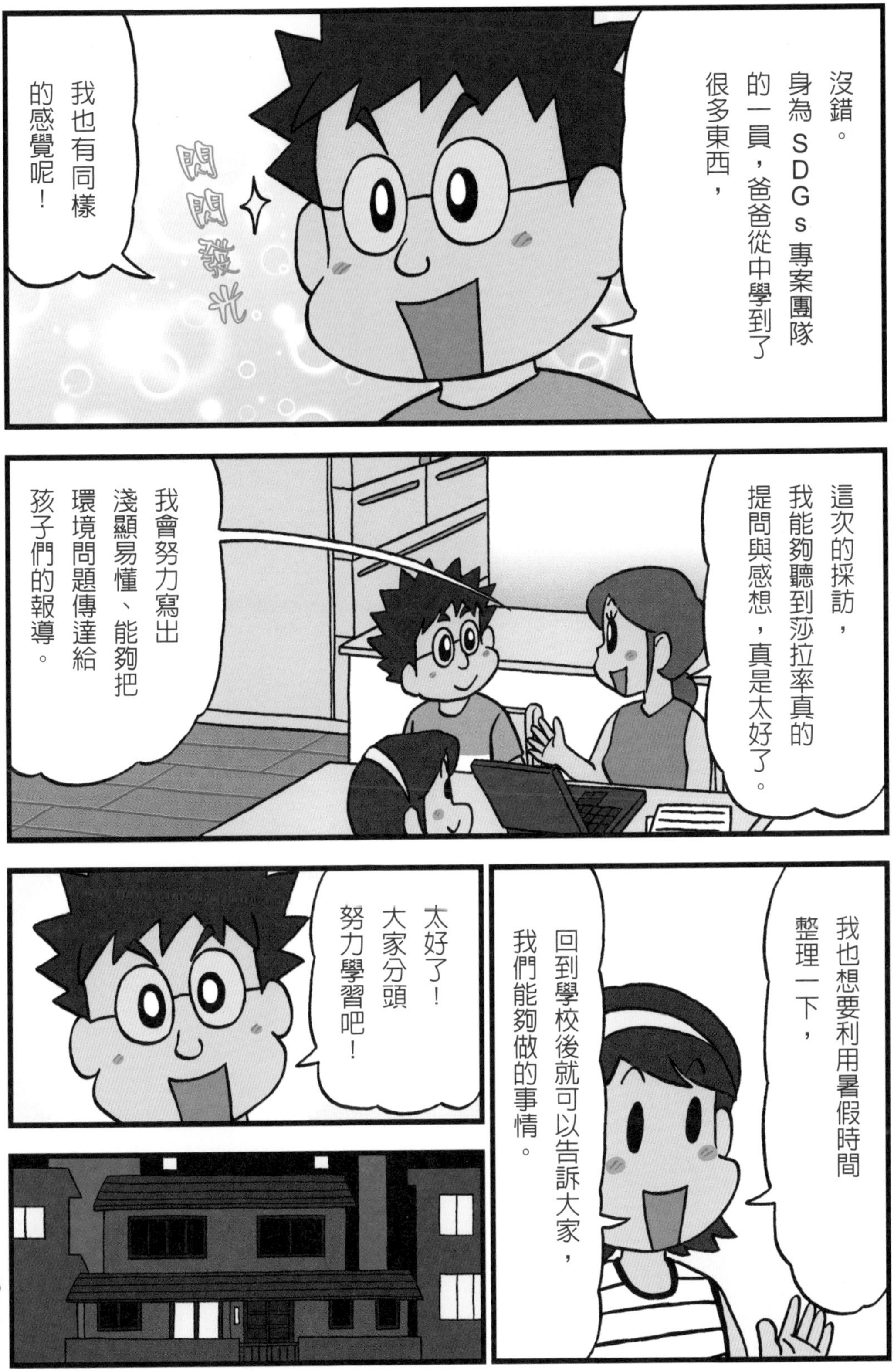
沒錯。身為SDGs專案團隊的一員，爸爸從中學到了很多東西，
閃閃發光
我也有同樣的感覺呢！
這次的採訪，我能夠聽到莎拉率真的提問與感想，真是太好了。
我會努力寫出淺顯易懂、能夠把環境問題傳達給孩子們的報導。
我也想要利用暑假時間整理一下，
回到學校後就可以告訴大家，我們能夠做的事情。
太好了！大家分頭努力學習吧！

接續第78頁

思考關於能源這件事

我們每天都會在生活中使用到能源。
那些能源是怎樣製造出來的呢？

各式各樣的能源

家中通常都會有照明器具、冰箱、空調、電視機等各種電器產品。此外，烹調用的爐灶、熱水器需要用到瓦斯這種能源。再者，汽車、機車則會使用汽油。

我們會使用到各式各樣的能源，其中最基本的一種就是煤炭、石油等化石能源。把一些地球基礎資源製造成為電力或是石油等，人們就得以方便使用能源。

化石能源
古生物改變型態後所產生的物質
煤炭
石油
天然氣
非化石能源
再生能源
水力
太陽光
波浪能
地熱
風力
核能
核分裂
其他
廢棄物
生質物
＊間伐材、動物糞便、廚餘等
都是從動、植物身上取得的資源。
容易使用的能源
電
石油
天然氣
商店
24
家庭
工廠
電
電
瓦斯
石油
電
瓦斯
汽油

能源消耗量增加

能源消耗量持續增加。使用以化石燃料為基礎的能源會增加大氣中的二氧化碳，造成地球暖化。

©PIXTA

火力發電廠會產生二氧化碳。

汽車排放出的氣體中，充滿著二氧化碳。

©PIXTA

大氣中的二氧化碳增加，會造成地球暖化。

不會排放二氧化碳的再生能源

我們可以利用太陽光、風力等自然能源發電。這些能源不會消失，也不會排放出二氧化碳。基於可以再生的理由，我們將它們稱作「再生能源」。

再生能源中還包含水力、地熱、波浪能等。如果可以增加再生能源的使用率，即可防止地球暖化。雖然會受到自然條件影響，但是日本方面正在逐步增加再生能源的利用率。

太陽光發電與風力發電設備。 ©PIXTA

日本太陽光發電導入量變化

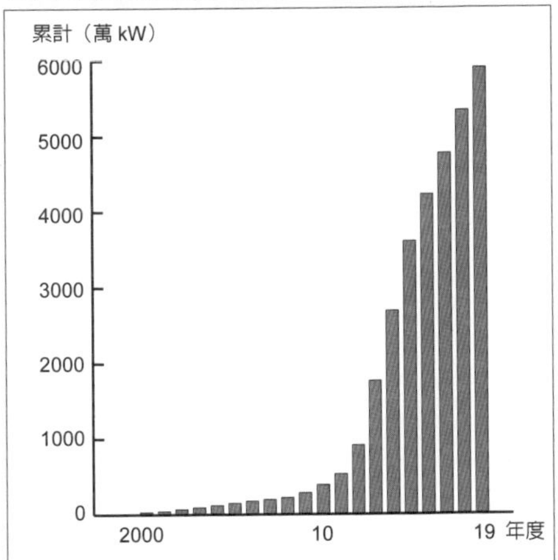
累計（萬 kW）
6000
5000
4000
3000
2000
1000
0
2000
10
19 年度

資料來源：日本資源能源廳「能源白皮書 2021」

日本風力發電導入量變化

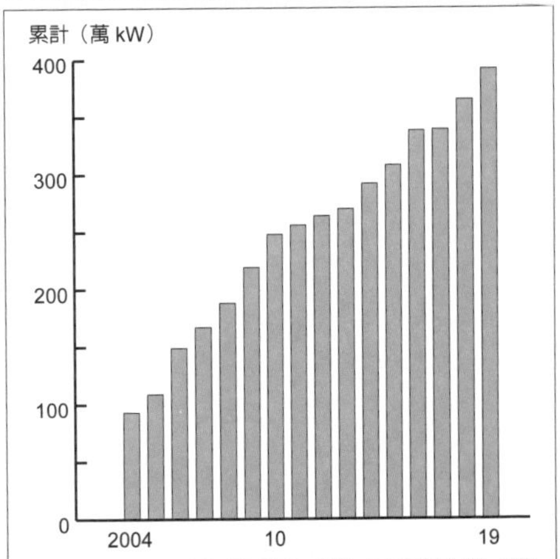
累計（萬 kW）
400
300
200
100
0
2004
10
19

至 2016 年為止以「年度」計算，2017 年後以「年」計算

資料來源：日本資源能源廳「能源白皮書 2021」

思考關於糧食耗損這件事

明明還可以吃卻被丟棄的糧食，被稱作「糧食耗損」。全球各地或是日本都有糧食耗損嚴重的問題。

日本的糧食耗損量？

全球一年可以生產約四十億噸的糧食，據說其中有三分之一會成為「糧食耗損」。

日本一年約有六百萬噸的糧食耗損。其中有將近一半是來自於家庭。

全球糧食耗損情形

2010 年 8 月～
2011 年 1 月調查

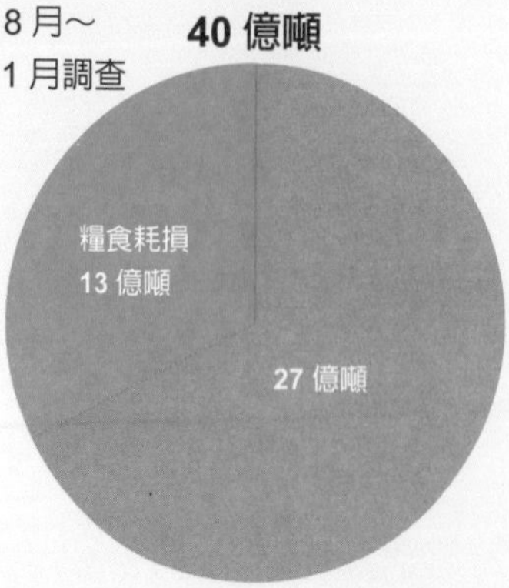
40 億噸
糧食耗損
13 億噸
27 億噸

資料來源：FAO「全球糧食耗損與糧食廢棄」等

日本糧食耗損情形

2018 年推估

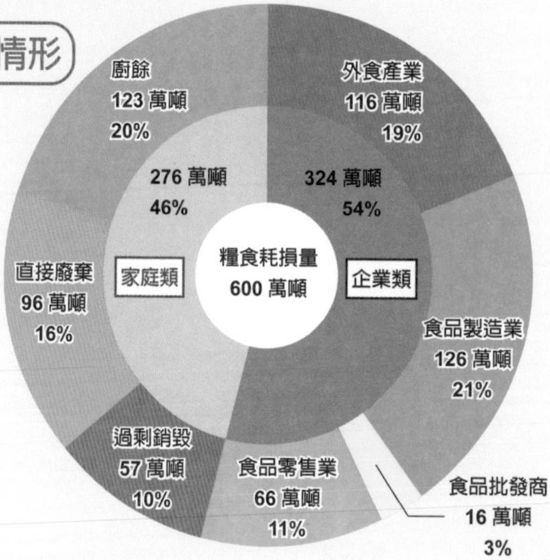
糧食耗損量
600 萬噸
家庭類
276 萬噸
46%
企業類
324 萬噸
54%
廚餘
123 萬噸
20%
直接廢棄
96 萬噸
16%
過剩銷毀
57 萬噸
10%
外食產業
116 萬噸
19%
食品製造業
126 萬噸
21%
食品零售業
66 萬噸
11%
食品批發商
16 萬噸
3%

日本環境省資料

1 年約有 47 公斤的糧食耗損

日本國民每人每天的糧食耗損量約為130公克，一年約達47公斤。也就是說日本國民每人每年都要丟棄約一個小學生體重的食物量。

竟然有那麼多食物被丟棄啊！

日本國民每人糧食耗損量

一天　約130g

※ 相當於 1 碗白飯的量。

一年約47kg

※ 約等於每人每年的白米消耗量（約54kg）。

日本總務省人口統計
（2018 年 10 月 1 日）
平成 30（2018）年度糧食供需表

碰

造成糧食耗損的原因是？

家庭所產生的糧食耗損通常是因為吃不完而剩下，以及超過保存期限或是賞味期限。

此外，超市或是西餐廳等企業製作過多料理、廚餘、進貨過多等也都是造成糧食耗損的原因。

家庭造成糧食耗損的原因

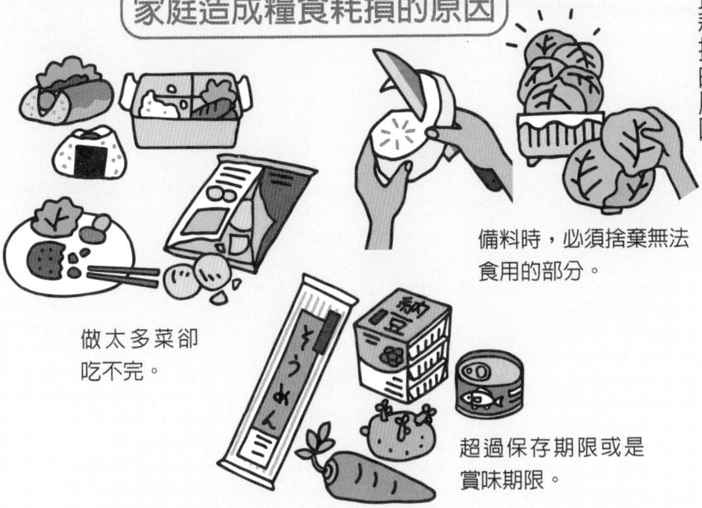

備料時，必須捨棄無法食用的部分。

做太多菜卻吃不完。

超過保存期限或是賞味期限。

企業造成糧食耗損的原因

超市等為了避免缺貨，結果反而進太多貨賣不完。

西餐廳等製作過多的料理。

商店內因為包裝破損、賞味期限等日期印錯。

客人在餐廳，吃剩的食物。

©PIXTA

糧食耗損造成垃圾量增加，為了處理那些垃圾還會讓環境變得更糟糕。

糧食耗損與環境問題

糧食耗損會對環境帶來一些不良影響。製造食品時所使用的資源與能源都被浪費掉。此外，還必須再使用更多的能源去運送、燒毀那些被拋棄的食品。拋棄進口食品，等於是浪費掉當初運送那些食品過來所使用的能源。

再者，被掩埋的廚餘還會產生造成地球暖化的甲烷氣體。

思考關於海洋垃圾這件事

人類丟棄大量垃圾。
其中流入海洋的塑膠垃圾造成了嚴重的問題。

被丟棄在海岸邊的塑膠製品流入海洋。 ©PIXTA

長時間無法分解的塑膠

石油製造出的塑膠優點是輕巧、堅固，製造成本便宜。因此，寶特瓶或是食品等容器、塑膠袋等被廣泛使用於各種場合。但是，當它們被當作垃圾丟棄時，由於無法自然分解，因此會有很長一段時間以垃圾的狀態存在，而對環境造成很大的影響。

各種塑膠製品

©PIXTA

塑膠等物品的分解時間

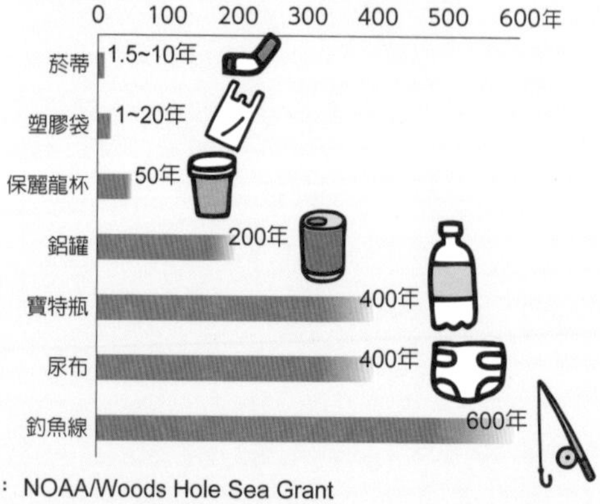
0
100
200
300
400
500
600年
菸蒂
1.5~10年
塑膠袋
1~20年
保麗龍杯
50年
鋁罐
200年
寶特瓶
400年
尿布
400年
釣魚線
600年

資料來源： NOAA/Woods Hole Sea Grant

海洋垃圾破壞了生態系

被丟棄的塑膠等垃圾最終往往會流入海洋。據說2021年時，海洋垃圾約達一億五千萬噸。這樣下去，如果我們不再做些什麼努力，到了2050年漂浮於海水中的垃圾數量將大於生存在海洋中的魚類等所有生物。魚類或是海龜等生物也會因為食用這些垃圾而死亡，進而破壞海洋生態系。

Willyam Bradberry / Shutterstock.com

有些海龜會把塑膠袋當作水母食用，因而死亡。

塑膠微粒進入人體

塑膠垃圾在河川或是海洋等處與岩石等物體碰撞後，會變得越來越細小。直徑5㎜以下的塑膠垃圾稱作「塑膠微粒」。當魚類等生物吃下塑膠微粒，最終那些有害物質還是會回到人體。

人類丟棄的東西又會回到人體喔！

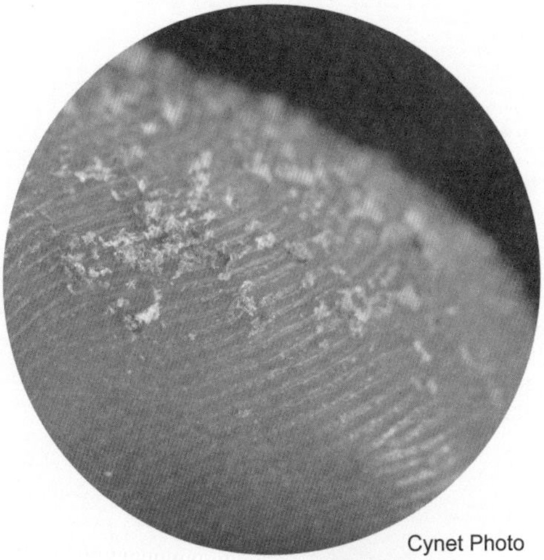

Cynet Photo

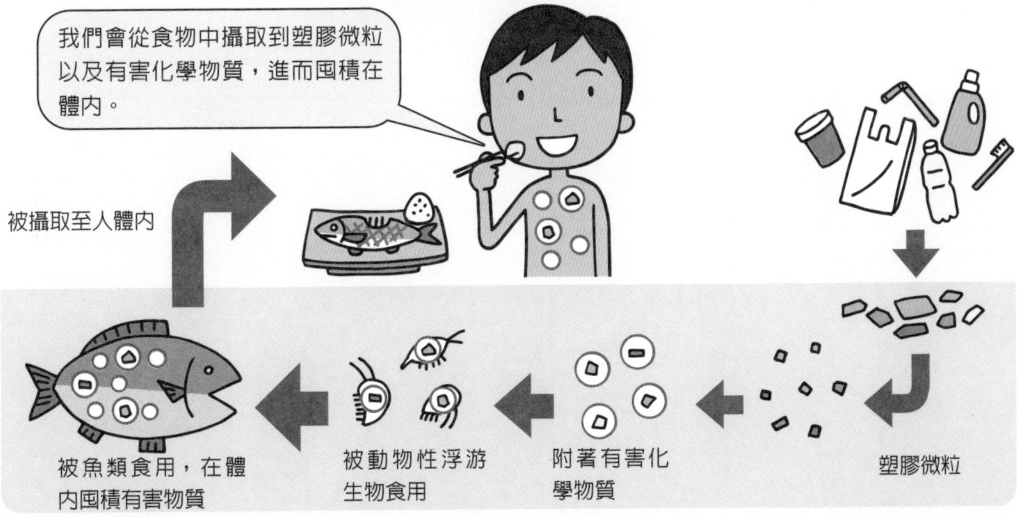
我們會從食物中攝取到塑膠微粒以及有害化學物質，進而囤積在體內。
被攝取至人體內
塑膠微粒
附著有害化學物質
被動物性浮游生物食用
被魚類食用，在體內囤積有害物質

第3章 利用 SDGs 達成永續社會
漢字 1500
溫暖化
AM 10:35
8月23日
AM 10:35
8月23日
區公所
環境保護科
里山．里海
日本
風力發電
現況
嘰嘰嘰嘰嘰嘰
達成永續社會目標
嘰嘰嘰嘰嘰嘰
達成永續社會……

SDGs
喀恰
喀恰
加入圖片應該會更容易理解吧。
嗯—
大地公司
現在這個年代，已經不是只要讓每年銷售目標持續成長就好了。
因為在有限的地球環境下，那是不可能的。取而代之的是——
閃閃發光
西野先生，你認真的嗎！？

PM 3:13
8月29日
完成了！
啪沙
那個，我想要練習一下發表的內容……。
探頭
我也剛好完成我的報導。請大家務必聽聽看。
啪沙
達成永續社會目標
◎主要的環境問題

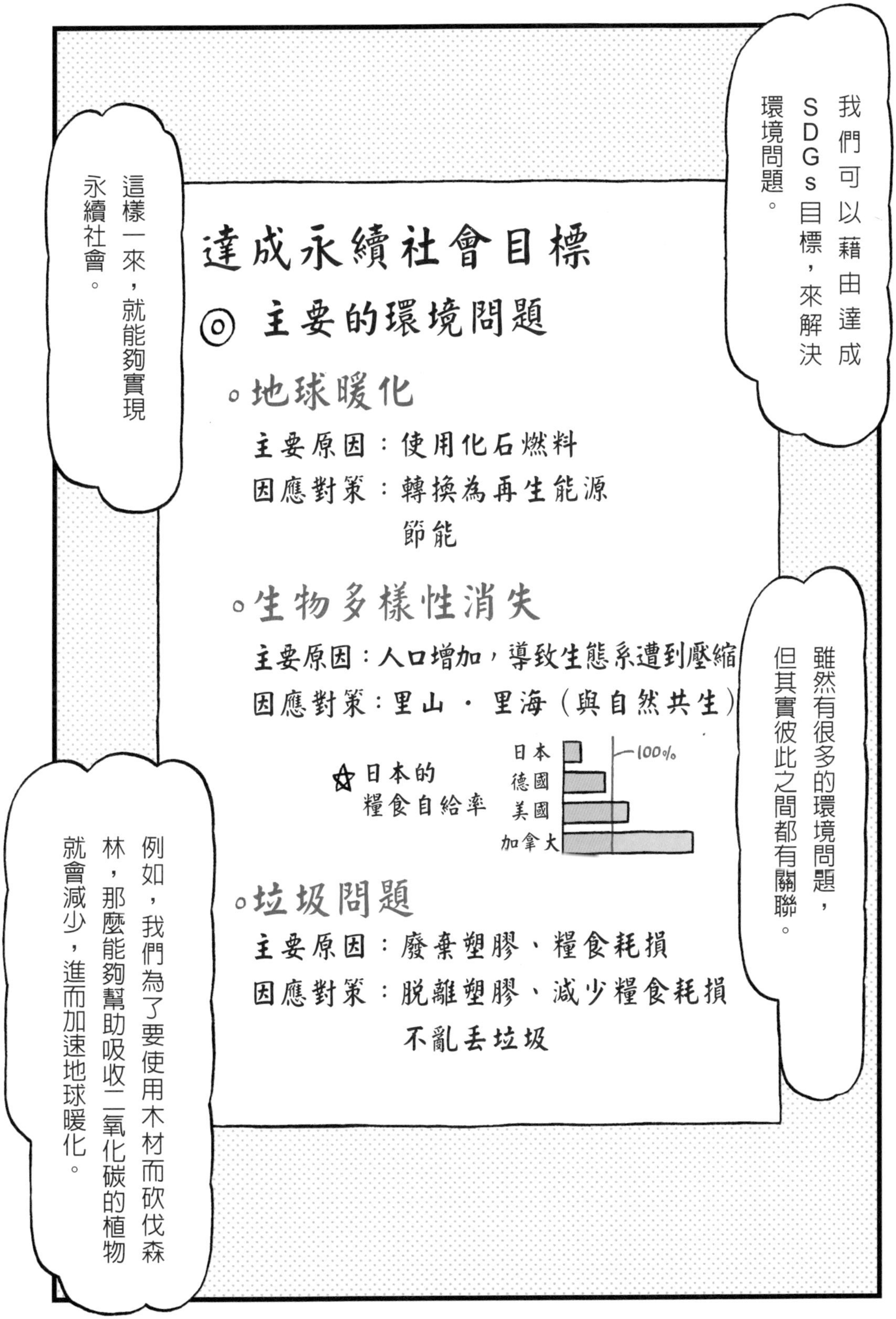
我們可以藉由達成SDGs目標，來解決環境問題。
這樣一來，就能夠實現永續社會。
達成永續社會目標
◎ 主要的環境問題
。地球暖化
主要原因：使用化石燃料
因應對策：轉換為再生能源
節能
。生物多樣性消失
主要原因：人口增加，導致生態系遭到壓縮
因應對策：里山・里海（與自然共生）
☆日本的糧食自給率
日本
德國
美國
加拿大
100%
。垃圾問題
主要原因：廢棄塑膠、糧食耗損
因應對策：脫離塑膠、減少糧食耗損
不亂丟垃圾
雖然有很多的環境問題，但其實彼此之間都有關聯。
例如，我們為了要使用木材而砍伐森林，那麼能夠幫助吸收二氧化碳的植物就會減少，進而加速地球暖化。

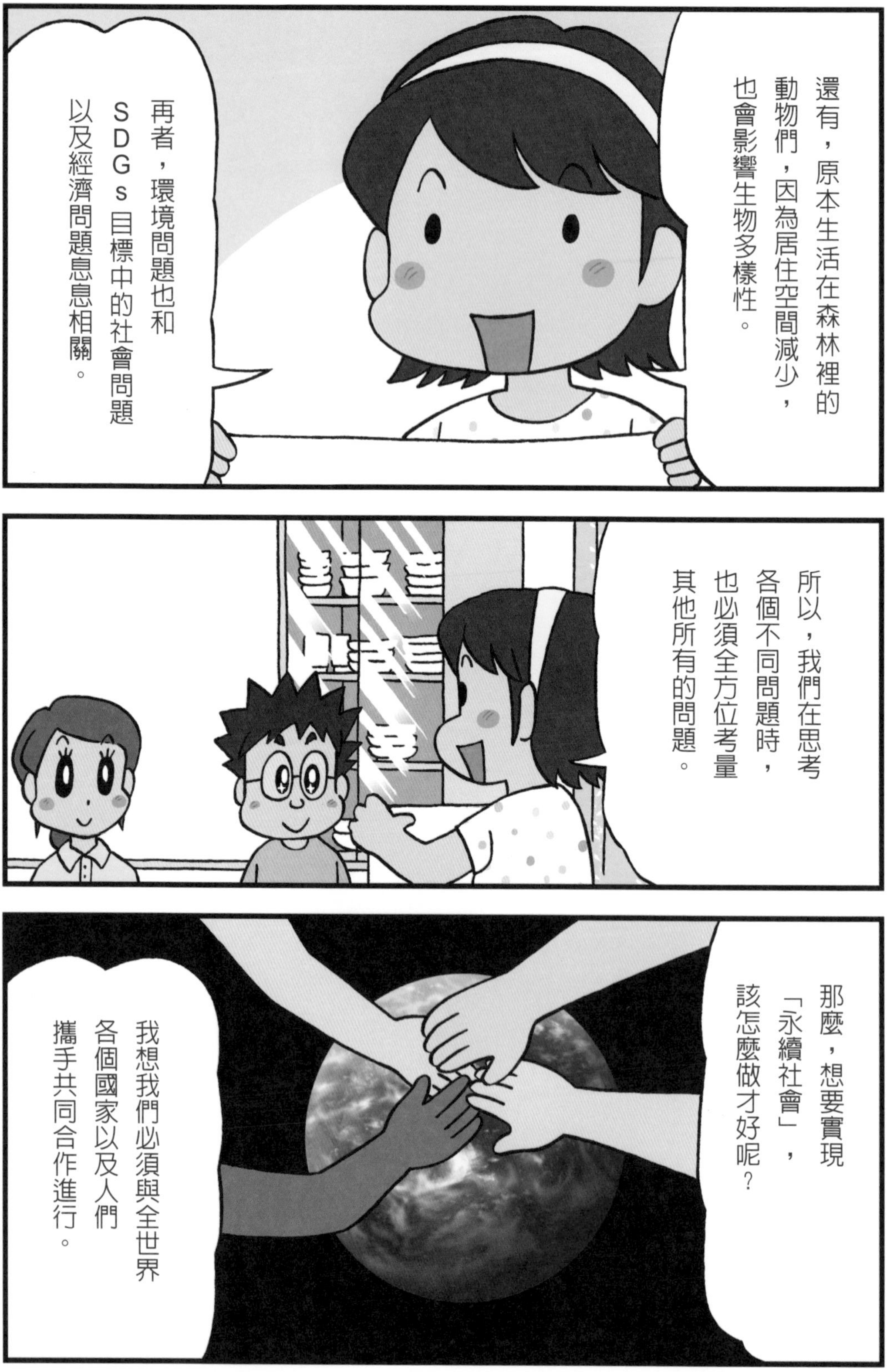
還有，原本生活在森林裡的動物們，因為居住空間減少，也會影響生物多樣性。
再者，環境問題也和SDGs目標中的社會問題以及經濟問題息息相關。
所以，我們在思考各個不同問題時，也必須全方位考量其他所有的問題。
那麼，想要實現「永續社會」，該怎麼做才好呢？
我想我們必須與全世界各個國家以及人們攜手共同合作進行。

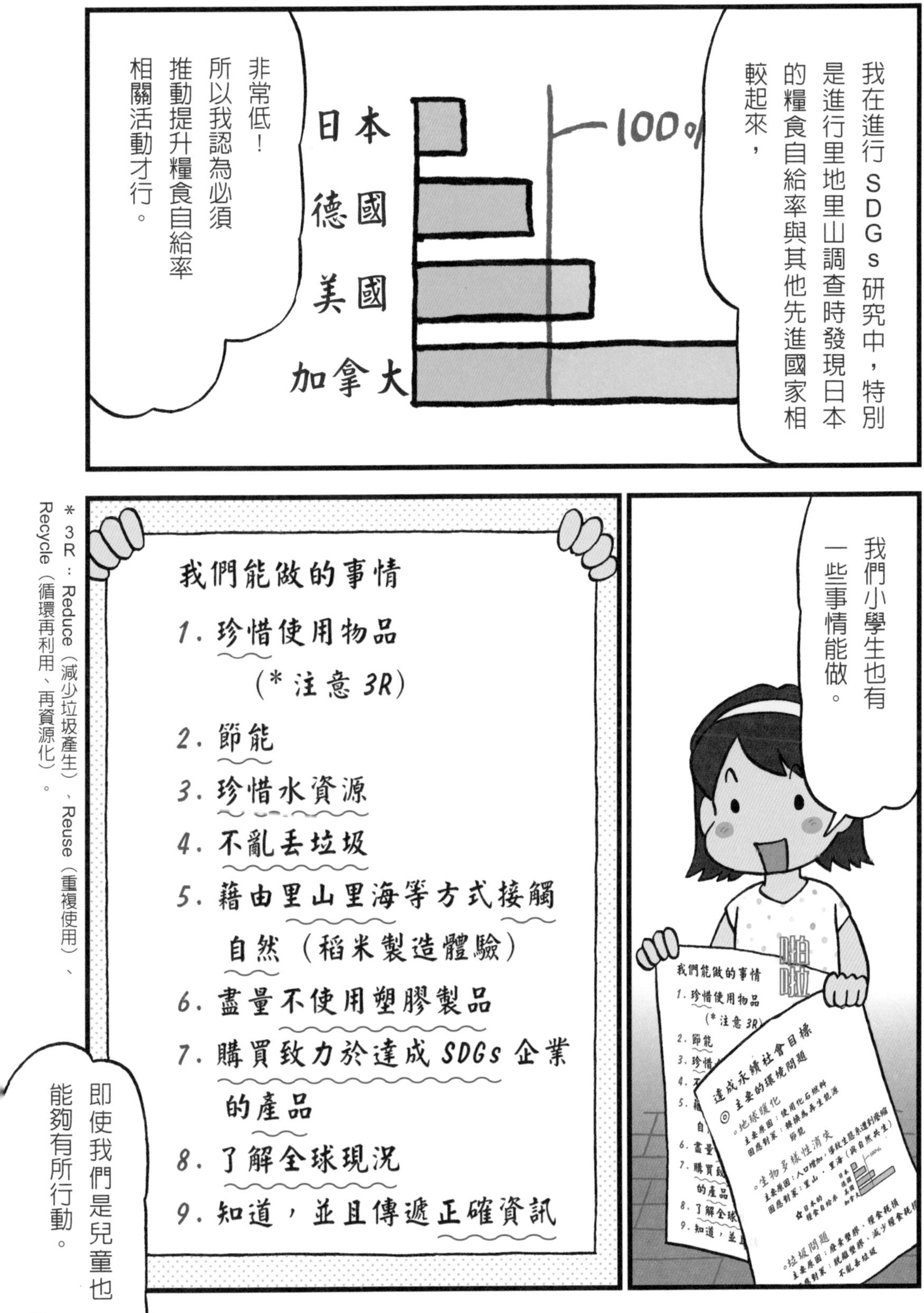

我在進行SDGs研究中，特別是進行里地里山調查時發現日本的糧食自給率與其他先進國家相較起來，
100%
日本
德國
美國
加拿大
非常低！
所以我認為必須推動提升糧食自給率相關活動才行。
我們小學生也有一些事情能做。
啪啦
我們能做的事情
1. 珍惜使用物品
(＊注意3R)
2. 節能
3. 珍惜水資源
4. 不亂丟垃圾
5. 藉由里山里海等方式接觸自然（稻米製造體驗）
6. 盡量不使用塑膠製品
7. 購買致力於達成SDGs企業的產品
8. 了解全球現況
9. 知道，並且傳遞正確資訊
達成永續社會目標
◎主要的環境問題
即使我們是兒童也能夠有所行動。

＊3R：Reduce（減少垃圾產生）、Reuse（重複使用）、Recycle（循環再利用、再資源化）。

當然，一定會有一些做不到的部分，但是在此我還是想要先向大家傳達這些概念。
我們能做的事情
1. 珍惜使用物品
（*注意3R）
2. 節能
3. 珍惜水資源
4. 不亂丟垃圾
5. 藉由里山里海等方式接觸自然（稻米製造體驗）
6. 盡量不使用塑膠製品
7. 購買致力於達成SDGs企業的產品
8. 了解全球現況
9. 知道，並且傳遞正確資訊
我自己也會持續思考。
肯定
嗯嗯
嗯嗯
以上是我的發表。
啪啪
啪啪
啪啪
啪啪
下學期──
嘿嘿。

讓我們回收不再使用的文具，寄送給發展中國家的孩子們吧！
嘰嘰
喳喳
哇哈哈
我們能做的事情
1. 珍惜使用物品
(*注意3R)
2. 節能
3. 珍惜水資源
4. 不亂丟垃圾
5. 藉由里山里海等方式接觸自然（稻米製造體驗）
6. 盡量不使用塑膠製品
7. 購買致力於達成SDGs企業的產品
8. 了解全球現況
9. 知道，並且傳遞正確資訊
達成永續社會目標
◎ 主要的環境問題
。地球暖化
主要原因：使用化石燃料
因應對策：轉換為再生能源
節能
。生物多樣性消失
因應對策：里山、里海（與自然共生）
。垃圾問題
主要原因：廢棄塑膠、糧食耗損
因應對策：脫離塑膠、減少糧食耗損
不亂丟垃圾
哇啦
哇啦
嘰嘰
喳喳
啪沙
哇啦
哇啦
善用
暫時休耕地
種稻、
種菜
——取而代之的是這個!!
大地公司

里山米・蔬菜
自給自足
人才招募!!
所謂SDGs
是指「永續發展目標」。
是到2030年前全世界共同努力的目標。
自給自足人才招募!
嗆嗆
嘰嘰
哇啦
哇啦
善用
暫時休耕地
種稻、
種菜
哇啦
哇啦
嘰嘰
嗆嗆
為了實現社會，
永續發展
我們能做的事
Sustainable
Development Goals
OX產業股份有限公司
SDGs團隊
出版了喔!
11月的假日──
喀啦

書寄來了嗎？
喀沙
噹啷！
一起共創
永續社會
作者：西野晴美
學友研究社
哇！這本書看起來好厲害喔！
當然，而且還是使用環保紙張和墨水喔！
裝訂時所使用的能源，是選擇由風力發電取得的能源。
多虧了這本書，我也學到很多東西呢！
我也是！
我也聽到了很多老師的分享……。

我希望讓更多的孩子讀到這本書。
嗯～
一起共創
永續社會
我想就算是成人也能夠從中學到很多喔！
我想雖然大家都知道環境問題非常嚴重，
但是應該有很多人不知道自己能夠做些什麼。
或許還會覺得事不關己呢！
我一開始也是這麼想的。
我當初也是，現在我才知道這些是我們每個人都必須面對的問題。

我覺得這樣的想法很重要。
沒錯！只有人類可以去解決這些環境問題。
人類在某些地方雖然有點不負責任，
但是也有優點呢！
等我成為大人時，
這個世界會變得怎樣呢？
呆
講錯了。是我會在怎樣的世界裡努力呢？才對啦！
哈哈哈
（完）

思考SDGs目標的關聯性

17個SDGs目標之間都有關聯性。意識到SDGs之間的關聯性相當重要。

所有的目標都有關聯性

比方說，為了達成SDGs的其中一個目標──「保護海洋的豐富資源」，如果只有單純思考海洋的部分，可能無法順利達成目標。

一旦流入海洋的水髒汙，我們就不可能擁有潔淨的海洋。所以，這時達成「6淨水與衛生」的目標就會變得很重要。

此外，地球暖化使得海洋生態系遭到破壞，也和「13氣候行動」有關。

再者，解決「社會問題」也會和解決「環境問題」有關連。因此，我們必須同時考量多個目標，才有機會達成其中一個目標。

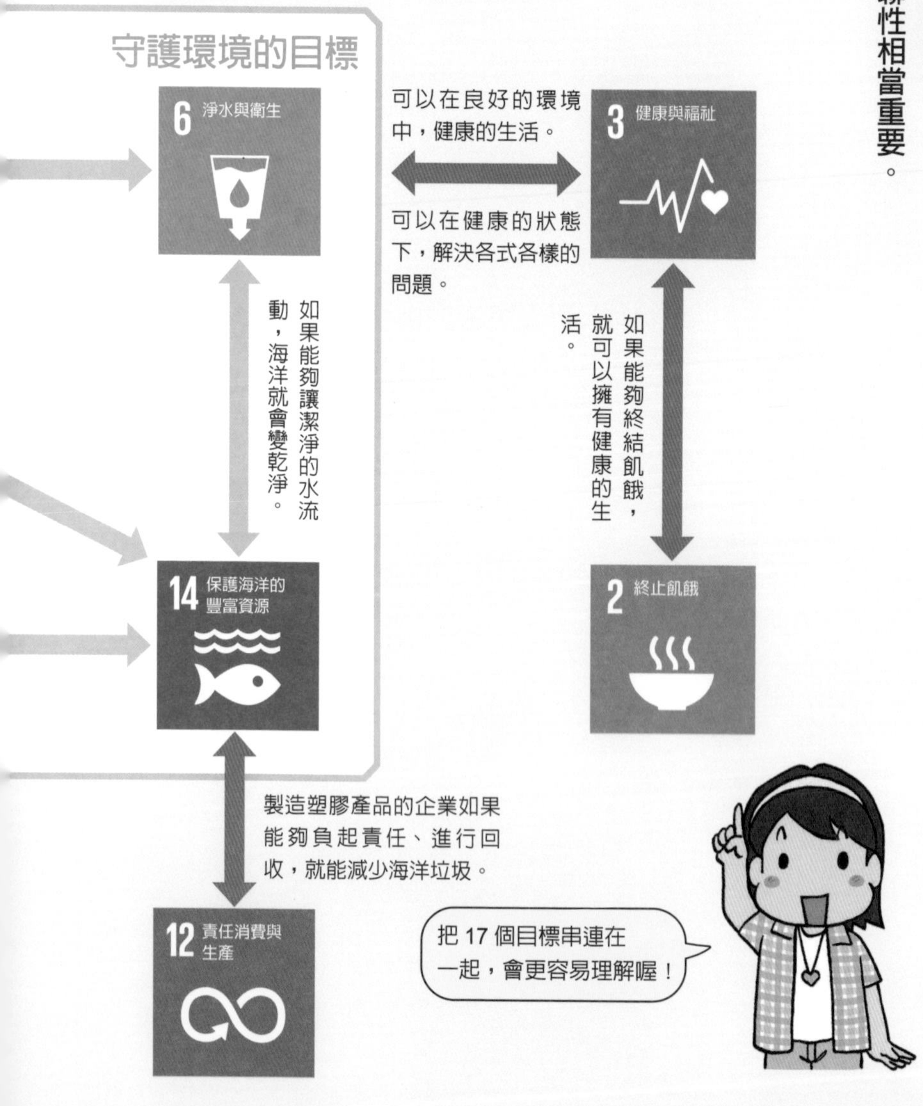
守護環境的目標
6 淨水與衛生
3 健康與福祉
可以在良好的環境中，健康的生活。
可以在健康的狀態下，解決各式各樣的問題。
如果能夠讓潔淨的水流動，海洋就會變乾淨。
如果能夠終結飢餓，就可以擁有健康的生活。
14 保護海洋的豐富資源
2 終止飢餓
製造塑膠產品的企業如果能夠負起責任、進行回收，就能減少海洋垃圾。
12 責任消費與生產
把17個目標串連在一起，會更容易理解喔！

SDGs 目標關聯性範例

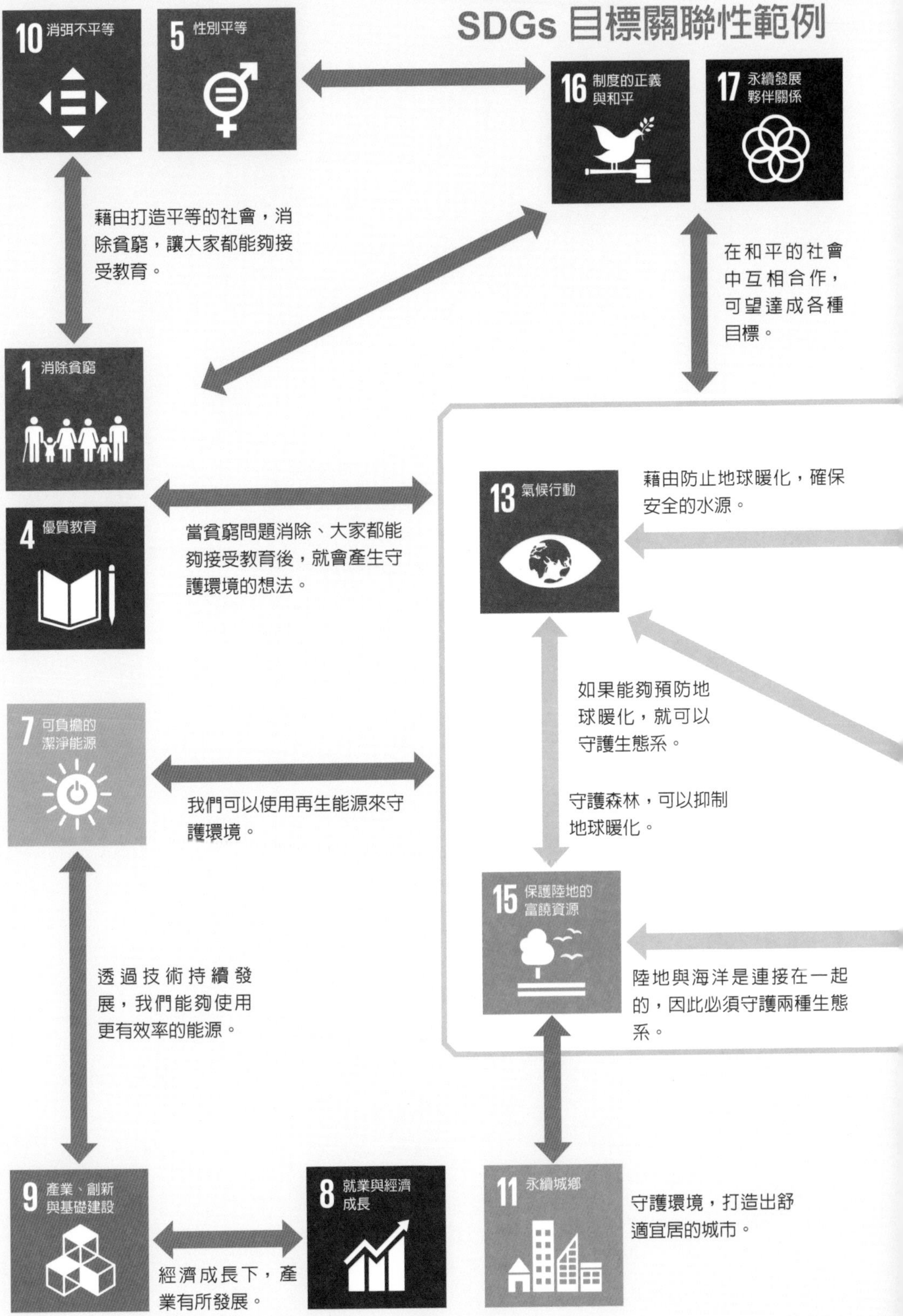
10 消弭不平等
5 性別平等
16 制度的正義與和平
17 永續發展夥伴關係
藉由打造平等的社會，消除貧窮，讓大家都能夠接受教育。
在和平的社會中互相合作，可望達成各種目標。
1 消除貧窮
4 優質教育
當貧窮問題消除、大家都能夠接受教育後，就會產生守護環境的想法。
13 氣候行動
藉由防止地球暖化，確保安全的水源。
如果能夠預防地球暖化，就可以守護生態系。
守護森林，可以抑制地球暖化。
7 可負擔的潔淨能源
我們可以使用再生能源來守護環境。
15 保護陸地的富饒資源
陸地與海洋是連接在一起的，因此必須守護兩種生態系。
透過技術持續發展，我們能夠使用更有效率的能源。
9 產業、創新與基礎建設
8 就業與經濟成長
11 永續城鄉
經濟成長下，產業有所發展。
守護環境，打造出舒適宜居的城市。

為了不要遺漏任何一個人

在實現SDGs這個目標的過程中，我們發誓絕對不會遺漏地球上任何一個人。

大家彼此認同、共同合作

聯合國當初決定採行SDGs時，即是以「不遺漏地球上的任何一個人」為原則。

日本方面，並沒有太多對於飲食、潔淨水源、如廁等有困難的人。幾乎所有孩子都可以上學。但是，世界上卻還有很多苦於饑荒，或是為了取水而無法上學的孩子。甚至還有不少人身陷於戰亂、處於性命危急之中。

不遺漏任何一個在社會中處於弱勢的人，我們每一個人都必須認同這個理念並且攜手共同合作。

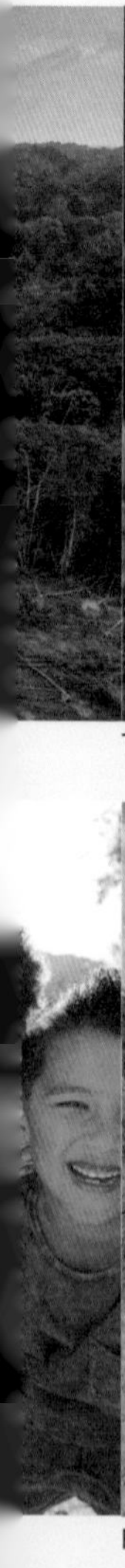

Tinnakorn jorruang / Shutterstock.com

Richard Juilliart / Shutterstock.com

國際合作

當今現下，交通、通訊如此發達，世界各地人們往來密切，物品與資訊的交流也十分頻繁。

在世界各地發生的各種問題都會影響到全球。特別是環境問題，某些國家產生的有害物質可能會跨越國境對其他國家造成危害。因此，要解決這些問題必須由各國互相合作。

任何一個國家都不能夠只考慮自己國家的事物，必須把全世界的事情都當作自己該思考、解決的問題。如此一來，也能夠同時幫助解決自己國家的問題。

思考眾人的事，其實也是在幫助自己呢！

Piyaset / Shutterstock.com

PARALAXIS / Shutterstock.com

Glenn R. Specht-grs photo / Shutterstock.com

Monkey Business Images / Shutterstock.com

套書索引

高月紘老師的話

近來在思考地球環境問題時，經常有人提到「目標應該放在永續社會」。那麼，永續社會應該是個怎樣的社會呢？雖然每個人可能會對「社會」賦予不同的想像，但是我們至少可以想像得到如果持續大量消耗資源與能源的社會是無法長長久久的。

因此，我把我的想像用插畫方式畫出來給大家參考。未來的社會不能夠再依賴有限的化石燃料或是核能，我們的生活必須以再生能源與資源為基礎，避免過度使用能源與資源。此外，為了取得安全且穩定的糧食，必須要以區域型的農業為中心，打造出與自然共生的社會。

我認為那樣的社會應該是能夠重視生態系多樣性、重視人類社會中人與人之間的羈絆、不會只重視效率或是舒適便利性、能夠感受工作帶來的喜悅、享受文化與藝術所帶來的多采多姿、充實豐富的生活。那麼，你們想像中的社會又是怎樣的呢？

插畫為高月紘老師作品

参考書籍・資料

環境省編,《令和 3 年版　環境白書》
国立天文台編,《第 6 冊　環境年表2019－2020》, 丸善出版
池上彰監修,《世界がぐっと近くなる　SDGs とボクらをつなぐ本》, 学研プラス
九里徳泰監修,《みんなでつくろう！サステナブルな社会未来へつなぐ SDGs》, 小峰書店
池上彰監修,《ライブ！現代社会2021》, 帝国書院
帝国書院編集部編集,《新詳地理資料 COMPLETE2021》, 帝国書院
朝岡幸彦監修、河村幸子監修協力,《こども環境学》, 新星出版社
インフォビジュアル研究所著,《図解でわかる14歳からのプラスチックと環境問題》, 太田出版
インフォビジュアル研究所著,《図解でわかる14歳から知る気候変動》, 太田出版
齋藤勝裕著,《「環境の科学」が一冊でまるごとわかる》, ベレ出版
佐藤真久・田代直幸・蟹江憲史編著,《SDGs と環境教育ー地球資源制約の視座と持続可能な開発目標のための学び》, 学文社
バウンド著、秋山宏次郎監修《こども SDGs　なぜ SDGs が必要なのかがわかる本》, カンゼン
細谷夏実著,《くらしに活かす環境学入門》, 三共出版
小林富雄監修,《知ろう！減らそう！食品ロス》, 小峰書店
井出留美監修,《食品ロスの大研究　なぜ多い？どうすれば減らせる？》, PHP 研究所
中村俊彦著,《里やま自然誌　谷津田から見た人・自然・文化のエコロジー》, マルモ出版

國家圖書館出版品預行編目（CIP）資料

漫畫圖解－地球環境與 SDGs. 1, 如何打造永續社會？ / 橘悠紀原作 ; Tsuyama Akihiko 漫畫 ; 張萍翻譯 . -- 初版 . --
臺中市 : 晨星出版有限公司 , 2023.11
面；　公分
譯自 : マンガでわかる！地球環境と SDGs. 第 1 巻 , 持続可能な社会ってなに？
ISBN 978-626-320-616-8（平裝）

1.CST: 永續發展 2.CST: 環境保護 3.CST: 漫畫

445.99　　112013382

漫畫圖解－地球環境與 SDGs1

如何打造永續社會？

マンガでわかる！地球環境と SDGs. 第 1 巻 , 持続可能な社会ってなに？

監修　高月紘
原作　橘悠紀
漫畫　Tsuyama Akihiko
插畫　川下隆
翻譯　張萍
主編　徐惠雅
執行主編　許裕苗
版面編排　許裕偉
協力　NPO 法人ちば環境情報センター

創辦人　陳銘民
發行所　晨星出版有限公司
台中市 407 工業區三十路 1 號
TEL：04-23595820　FAX：04-23550581
E-mail：service@morningstar.com.tw
http：//www.morningstar.com.tw
行政院新聞局局版台業字第 2500 號
法律顧問　陳思成律師
初版　西元 2023 年 11 月 6 日
讀者專線　TEL：（02）23672044 / （04）23595819#212
FAX：（02）23635741 / （04）23595493
E-mail：service@morningstar.com.tw
網路書店　http://www.morningstar.com.tw
郵政劃撥　15060393（知己圖書股份有限公司）
印刷　上好印刷股份有限公司

定價 400 元

ISBN 978-626-320-616-8（平裝）